逻辑思维与诡辩

LOGICAL THINKING AND SOPHISTRY

张晓芒 著

台海出版社

图书在版编目(CIP)数据

逻辑思维与诡辩 / 张晓芒著. -- 北京 : 台海出版社，2019.3（2022.3 重印）

ISBN 978-7-5168-2197-8

Ⅰ. ①逻… Ⅱ. ①张… Ⅲ. ①诡辩 Ⅳ. ①B812.5

中国版本图书馆 CIP 数据核字（2019）第 001857 号

逻辑思维与诡辩

著　　者：张晓芒

责任编辑：徐　玥　　　　装帧设计：异一设计
版式设计：赵艳霞　　　　责任印制：蔡　旭

出版发行：台海出版社
地　　址：北京市东城区景山东街 20 号　　　邮政编码：100009
电　　话：010－64041652（发行，邮购）
传　　真：010－84045799（总编室）
网　　址：www.taimeng.org.cn/thcbs/default.htm
E－mail：thcbs@126.com

经　　销：全国各地新华书店
印　　刷：香河县宏润印刷有限公司
本书如有破损、缺页、装订错误，请与本社联系调换

开　　本：710mm×1000mm　　1/16
字　　数：190 千字　　　　印　　张：15
版　　次：2019 年 3 月第 1 版　　印　　次：2022 年 3 月第 3 次印刷
书　　号：ISBN 978-7-5168-2197-8

定　　价：49.80 元

前　言

本书是我参与教育部人文社会科学重点研究基地，重大项目“逻辑学在人文科学中的应用”的阶段成果。书稿起初只是作为我主讲的学校精品课“逻辑学概论”的一个课外参考课件。后来发现被国内好几家网站转载，想想大概还是有人愿意看一看，于是重新对原课件进行了大幅修改。如果说课件只是想突出认识诡辩、破斥诡辩的逻辑方法技巧，这次修改则想在分析这些方法技巧的同时，从言语行为理论角度，探询认识诡辩、驳斥诡辩过程中的伦理意义。

因为，自古至今，只要人类还在思考，瓜瓞连绵的诡辩就谬种不绝。而认识并消除这些诡辩，是思维科学，尤其是逻辑科学的义不容辞的任务。它的科学精神要求它必须认识并破斥诡辩，以保证沟通交际的有效性，这是逻辑的求真任务；而它的人文精神要求它必须认识并破斥诡辩，以保证沟通交际的真诚性，这是逻辑的求善任务。

从某种意义上说，在现实的人际沟通中，破斥诡辩比纠正谬误更重要，原因即在于诡辩之人懂逻辑。如果不把这些谬种“破”掉，逻辑的普遍适用性的科学性质就会招致怀疑，符合人文精神的正常人际沟通也会“立”得不畅，保证正常人际沟通的两种“精气”——求真精神和求善精神也就无法有效交融。

故而，本书在强调逻辑本身的逻辑标准的同时，也力求探询逻辑的伦理标准。即正常有效的人际沟通如何在必须符合逻辑思维规则和规律的同时，也必须符合沟通交际的伦理规范；在体味如何认识、破斥诡辩的方法论意义的同时，也要追寻逻辑之“法的意识”下的人文价值。

另外，诡辩是现实生活中人人都会碰到的事情。如何认识诡辩手法、如何掌握破斥诡辩的方法，还具有一定的普及意义。因此，在写作中，我也在尝试一种新的写法。

应该说，人们即使没有系统地学过逻辑，也在使用逻辑，而系统地学习了逻辑，也未必时时事事就那么有“逻辑”。但我们还是可以通过系统地学习、自觉地遵守，努力使自己不断有“逻辑”起来。从而真正地在现实社会生存中，使自己做到时刻想清楚、说清楚、写清楚，而且还能以“清楚的头脑”，扯起逻辑的科学精神和人文精神的大旗，以视若寇仇的批判意识，直面现实生活中存在的诡辩。执逻辑之“利斧”，“旌旗十万斩阎罗”。

这是一个长期的、自觉的过程，愿借中外的两句哲语与读者共勉。

诚者，天之道也；诚之者，人之道也。

完善是上帝的尺度，而追求完善是人的尺度。

张晓芒

目　录

第一部分
真是气死人——什么是诡辩

第二部分
思维的陷阱——为什么要了解诡辩

第三部分
洞烛玄机——诡辩的种种手法

01 第一部分 真是气死人——什么是诡辩

诡辩这个词通常意味着以任意的方式，凭借虚假的根据，将一个真实的道理否定了，弄得动摇了；或者将一个虚假的道理说得非常动听，好像真的一样。

笨嘴笨舌的苦恼
——生活中经常碰到的事情

人是生活在社会中的，每天都要和各种各样的人打交道，同各种各样的人进行人际沟通。而人们的沟通世界实际上是个“交际场”，在这个“交际场”中，人们“令人信服”地交换不同的看法、意见，都需要借助语言来实现。语言传达了我们的思想，因此，语言是思维的物质外壳，思维是语言的思想内容。没有语言，人们就无法进行沟通；没有思维，人们相互之间的沟通就变成牛吼了。

但在现实生活中，有一些人际沟通的言语行为实在令人难以忍受。

某君要和我们讨论“天是什么颜色”，我们按照常识说“天是蓝的”。然而某君却列举了一大堆理论，证明了“天是黄色的”。我们大略想一想，似乎有道理。改天，某君又和我们讨论“天是什么颜色”，顺着上次讨论的思路，我们想起了“天是黄色的”。然而某君又列举了一大堆理论，证明了“天是红色的”。又一天，某君又来和我们讨论“天是什么颜色”，实在是变糊涂了的我们近乎讨好地说：“天是红色的。”还是不行！某君又列举了一大堆理论，证明了“天是黑色的”。最后，当某君又要和我们讨论“天是什么颜色”时，“天是什么颜色都由它去吧”，我们落荒而逃了。

在这别别扭扭的人际沟通中，某君的一番“道理”虽不能服人之心，却也能胜人之口。笨嘴笨舌的我们只能莫名感叹：“真是一张好嘴呀！”

真是气死人!

又如，当我们评价某人某事做得不好时，旁边却有人插了一句：“你做还不如他呢！”蒙头蒙脑的我们一时语塞。事后想起，这实在谈的不是一件事情。但由于对方的一阵责问，便云里雾里地不知被绕到什么地方去了。

真是气死人!

又如，当我们从电视上看花样滑冰比赛，惊叹某运动员居然能跳起来转三圈，而有人却对此嗤之以鼻：“这有什么？我跳起来就转得停不下来了！”好吧，这权且算是一种幽默的夸张。当我们看了某条报道后对别人说：“据科学测定，人脑大约有一千多亿个神经元，贮存信息的潜力很大。但据研究分析，人只利用了自己大脑潜力的1/10。”此人却不冷不热地对我们说：“你拿一个我看看。”一个也拿不出来的我们，此时不由得想起《水浒传》中“杨志卖刀”的故事。当杨志夸奖他的刀如何锋利，如何“杀人不见血”时，偏偏有泼皮牛二非要他当场杀一个人给他看看。恐怕杨志的感受和此时的我们一样——真是气死人!

明明白白的糊涂
——还欠缺点什么

虽然我们非常想在人际沟通中锻炼得快嘴利舌，并从此不再因那些“让人讨厌让人烦”的胡搅蛮缠而生气，但事情远不是这么简单。

例如，有人问我们：“鲁迅就是周树人？”“对！”“鲁迅是浙江绍兴人？”“没错！”“那么周树人也是浙江绍兴人啦！”“当然如此！”

问题到此还不算完：“2/4 等于 1/2？”“对！”“2/4 分母是 4？”“对！”“那么 1/2 分母是 4？”“啊？”我们有些糊涂了。

上学期间，有个“讨厌”的老师宣布：“下星期进行一次考试，事先不通知考试日期。并且，如果在准备考试的那一天早晨，你们知道了‘今天要考试’，那这一天考试就取消。”

同学们真是有点恐惧了，但有位“预言家”却高兴地宣布老师考不成啦！“为什么？”“最后两天肯定不能考试，因为只有最后一天，我们可以知道‘这一天一定考试’。这样，按照考试的前提条件，这一天就不能考试了，所以考试的最后时间只能往前提一天。但这样仍然存在着上述的问题，所以只好把考试的时间再往前提一天……这样一一排除‘最后一天’，能够考试的时间就一天也没有了。”

“对呀！”我们很高兴，但晚上睡觉还是不踏实，后来也“烤煳了”。

找工作时，到某公司应聘，发现报名的有100人，但只录用1人。想到被录用的可能性只有1/100，不免忧心忡忡。但“预言家”又来开导了：“你应该高兴才对。你想，除你之外的99个人中，如果有98个人被淘汰，这样你就与剩下的第99个人竞争这个职位，你被录用的可能性是1/2呀！”

是这个“理”。但1/100不可能等于1/2，这使我们无论如何也高兴不起来。

一位同事被领导批评时，强词夺理道：“有句拉丁语谚语说得好：人之常情在于犯错误。”有这么一句拉丁语谚语？查了一下资料，原来是“犯错误是人之常情”。想说两句什么，但不知从何说起。

“预言家”的分析、论证不能说不严密，但结论却明显违反直觉。而那位同事虽然明白他有问题，但究竟哪里有问题，还是很糊涂。

上街闲逛，看到有商家打出“买一送一”的广告，便高高兴兴地买了一台高档洗衣机。商家却只送了一个装洗衣粉的盒子，虽然盒子漂亮，但却有点生气。

由此可见，在现实生活中，人们相互之间的思想沟通，并不总是按正常的思维方式进行的，总有一些胡搅蛮缠的语言在干扰着人们相互之间的正常人际沟通。那么这些胡搅蛮缠的言语行为是什么？我们要想快嘴利舌，还欠缺了些什么？

“魔鬼的律师”
——是非无度

中国先秦时代的诸子百家中，有一位著名的代表人物叫邓析，他精通法律，机智善辩，以帮人打官司和教人学诉讼为业，是中国最早的“律师”。据《吕氏春秋·离谓》记载，邓析与想学诉讼的人约定，大的诉讼学费为一件衣服，小的诉讼学费为一条裤子。而交纳衣服、裤子学习诉讼的人不可胜数。显然，邓析对如何准确理解与表达法律条文，如何探索思维、语言的实践关系，有自己的理解和技巧。

当时，邓析所处的郑国有不少人没有在执政当局所认可的乡校中议论朝政得失，而是把自己的意见书悬挂在交通要道，任人观看。郑国的执政者子产觉得这样不便于控制，于是下命令不让悬挂意见书。邓析就教人用投送意见书的方式。子产又下命令不让投送意见书，邓析就又教人将意见书夹杂在其他物品中传递。总之，不管子产下什么命令，邓析都能想出应付的办法来。不过，让邓析千古留名的还是《吕氏春秋·离谓》所记载的关于他的“两可之说”：

洧水涨满，有个郑国的富人被淹死了。有人捞到了死者的尸体，死者家属得知后，想赎回尸体，但捞到尸体的人要价很高。死者家属无奈，请邓析出个主意。邓析说：“不要着急，安心等待（安之）。因为你要是不去买，别人是不会去买的。”死者家属于是就耐着性子不再张罗着去赎买尸体。由于此地夏季气温高，尸体不易保存，捞到尸体的人着急了，也请邓析给出个主意。邓析又回答说：“不要着急，安心等待（安之），因为死者家属要是不到你这里来买，就没有别处可买。”

邓析用同一个判断“安之”来回答利益相反双方的咨询。这种“两可”式的答辩，左右逢源，既使利益相反的双方各得其所，又使他们都愿意拿出钱物来酬劳自己。“两可之说”的技巧使邓析的机智和辩才得到了施展，并取得了一定的经济效益。

正是由于邓析持“两可之说”，一切以他的意志为转移，有点像古代西方人所说的“魔鬼的律师”，所以他历来被正统思想家认为是“别类”，名声不大好。如吕不韦说邓析“以非为是，以是为非”，是非之间没有客观标准，真与假任意凭他口说；而荀子更说邓析“好治怪说，玩琦辞”，虽然善辩但又无用，是“欺惑愚众”，“不可不诛”。从荀子、吕不韦对邓析的议论和评价中，可以看出邓析论辩的特点，那就是：一切以自己的尺度为尺度。后来郑国的继任者驷颛上任不久就把邓析杀了。

有意思的是，在古希腊也有一个智者学派，其头领叫普罗泰戈拉，他也是专以传授修辞学、辩论术和诉讼为业。他和他的学生尤拉苏斯之间也有一个著名的“半费之讼”的论辩。

普罗泰戈拉招收尤拉苏斯学做律师，事先讲定的条件是：尤拉苏斯先交一半学费，剩下的一半在尤拉苏斯首次为人办诉讼取胜时交清。但尤拉苏斯学成后很长时间内不给人办诉讼，因此，剩下的一半学费无从谈起。普罗泰戈拉急了，便将尤拉苏斯告上法庭。他的如意算盘是：

如果我打赢了官司，那么按照法庭的判决，尤拉苏斯必须付给我另一半学费。

如果我打输了官司，那么按照原来的契约，尤拉苏斯也必须付给我另一半学费。

或者我打赢这场官司，或者我打输这场官司。

总之，给钱！

殊不料，学习优秀的尤拉苏斯也不甘示弱，他也打了一个如意算盘：

如果我打输了官司，那么按照原来的契约，我不必付给他另一半学费。

如果我打赢了官司，那么按照法庭的判决，我也不必付给他另一半学费。

或者我打输这场官司，或者我打赢这场官司。

总之，没门！

由于二人的如意算盘都是以自己的尺度判断官司的胜负，结果使得“半费之讼”也成了“魔鬼的律师”之例。

变了形的机智
——诡辩的词源

在古汉语里，“辩”源自“辡”（biàn），《说文解字》说：“辡，罪人相与讼也。从二辛，凡辡之属皆从辡。”“辛”有“罪”义，“辡”意味着打官司必有诉讼双方，而诉讼双方也必有一是一非，要为谁是谁非而辩论，因此也就演变出“辯”（辩的繁体字）字和“辧”（辨的本字）字。《说文解字》说：“辯，治也，从言在辡之间。”而“辧”字从“刀”，意为把事物一分为二，引申为辨别诉讼双方的是非曲直。

在古汉语中，“辩”与“辨”可互训通用。由此可见，“辩”的本字当产生于古代法律诉讼中对诉讼双方的判理，为会意字。而在以后的使用中，“辩”有了“治”“正事”“明了”“判别”以及泛指一切对立思想、观点之间的争论、辩论等意。[1]

在古汉语中，“诡”的本意是“责求”，《说文解字》说：“诡，责也。”“诡”之“责求”意演变为“诡诈”意，实际上是“恑”字的转注。《说文解字》说：“恑，变也，从心。”由于古人认为思想产生于心，“心之官则思”（《孟子·告子上》），因此，“变诈”就是“心”的变诈，所以“恑”从心。《庄子·齐物论》有：“恢诡谲怪，道通为一。”意思为，一切千奇百怪的东

[1] 参见张晓芒：《先秦辩学法则史论》，中国人民大学出版社 1996 年版，第 3~4 页。

西，从道的观点看，它们都是可以相互为一的。于是，在古汉语中，“诡”意就有了如下几种：

怪异之意，如班固《西都赋》：“殊形诡制，每各异观。”

违反之意，如《吕氏春秋·淫辞》：“言行相诡，不祥莫大焉。”

由“诡”而演变的古汉语词汇则有用假话搪塞应付的“诡辞”、诡诈之道的“诡道”、变化多端的“诡谲”、隐秘难测的“诡秘”、谲诈善变的“诡随”等。

又由于“辩”还有花言巧语之意，如老子曾说过：“辩者不善，善者不辩。”（《老子·八十一章》）所以，花言巧语的“辩”与欺诈、虚伪的“诡”结合在了一起，如《管子·法禁》：“行辟而坚，言诡而辩。”但这还不是严格意义上的一个词组，“诡辩”作为一个名词出现于汉代。《史记·屈原贾生列传》有：“（张仪）如楚，又因厚币用事者臣靳尚，而设诡辩于怀王之宠姬郑袖。”意思是说，善于游说的纵横家张仪到了楚国，用重金贿赂楚怀王的重臣靳尚，靳尚在怀王宠姬郑袖面前说了许多诋毁屈原的话。这里的“诡辩”是“说坏话”的意思。作为颠倒黑白、混淆是非的“诡辩”，则出自《淮南子·齐俗训》：“诋文者处烦扰以为慧，争为佹辩，久稽而不决，无益于治。”“佹”在古汉语中本义是言辞激越而诡异，如《荀子·赋》：“天下不治，请陈佹诗。”但在乖戾、不合、强词夺理、无理强辩的含义上又通“诡”。因此，这里的“佹辩”就是“诡辩”，并且已经与争论相连，有了“心智”的因素。另外，《汉书·景十三王传第二十三》又有：“彭祖为人巧佞，卑谄足共，而心刻深，好法律，持诡辩以中人。”这种“诡辩”与现代意义上的“诡辩”已经完全一致了。

在西方，“诡辩”（Sophism）也是一个古老的词语。西方的“诡辩”一词源出希腊语的“技巧”“智慧”，其最初的含义是掌握技巧、具有智慧的人，即“智者”（Sophist）。智者中的一些人在争论中采用了一种后来被称作“诡辩术”（Sophistry）的方法，古希腊哲学家把这些人称作“智术之师”，认为他们是“言论竞争上的能手，诡辩术的专家”“以诡辞而心满意足”，并把这些人称作“诡辩家”。[1]但这里的“诡辩”含义显然已经有了变化，由于这些“智者”的“诡辩术”逐渐演化为“为了进行欺骗而做的虚假的论证（或议论）”[2]。于是，“诡辩”之原有的“技巧”“智慧”变形走样了。

[1] 柏拉图：《智术之师》，商务印书馆 1963 年版，第 146 页。

[2] 参见《牛津词典》“诡辩”条。

用小聪明赚钱
——诡辩的界定

由于“诡辩”原有的“技巧”“智慧”变形走样，古希腊哲学家亚里士多德干脆把诡辩家描绘为“假装聪明而实非聪明，而且是用表面上的聪明而非真正的智慧去赚钱的人”[1]。

有几个学生请教教希腊哲学的老师，什么是诡辩。

老师说：“我接待了两个客人，我给他们准备了洗澡水。而这两个客人一个很干净，一个很脏。问，谁会去洗澡？”

学生回答：“脏人。”

老师说：“不对，是干净人。因为他养成了洗澡的习惯，而脏人认为没有什么好洗的。再想想看，谁洗澡了呢？”

学生回答：“干净人。”

老师说：“不对，是脏人。因为他需要洗澡，而干净人不需要洗澡。那么我的客人中谁洗澡了呢？”

学生又回答：“脏人。”

老师说：“又错了。当然是两个人都洗澡了。因为干净人有这个习惯，

[1] 亚里士多德：《工具论》，165a，第15~20页。

而脏人需要洗澡。那么这两个人后来到底谁洗澡了呢？”

学生答：“两个人都洗澡了。”

老师说：“还是不对，两个人都没有洗。因为脏人没有洗澡的习惯，干净人不需要洗澡。”

糊涂了的学生说：“有道理，但是究竟怎样理解呢？你讲的每次都不一样，而又总是对的。”

老师说：“正是如此，这就是诡辩。”

对于这样的诡辩，我们不能总说爱洗不洗，由他去吧。我们必须要弄明白诡辩的实质是什么。要像那位精通希腊哲学的老师一样，一针见血地揭露出诡辩的实质。一千多年后的德国哲学家黑格尔直截了当地给“诡辩”下了一个定义：“诡辩这个词通常意味着以任意的方式，凭借虚假的根据，或者将一个真的道理否定了，弄得动摇了；或者将一个虚假的道理弄得非常动听，好像真的一样。”[1]这个定义实际上涉及诡辩论的三个要素：第一，论题虚假，即论题不合乎事实和真理；第二，论据虚假，即论据不合乎事实和真理；第三，论证方式错误，即论证中采用的推理形式无效。

按照诡辩论所涉及的这三点，我们可以给“诡辩”重新做一个界定了。“诡辩”就是故意违反逻辑规律和规则的要求，为错误论点做辩护的各种似是而非的论证。简单点说，诡辩就是：以虚假的论据、诡诈的方式，为荒谬的观点做论证。

[1] 黑格尔：《哲学史讲演录》第2卷，商务印书馆1957年版，第7页。

“苏张之口”
——中国古代的诡辩源头

先秦时代，专靠游说的纵横家张仪曾和苏秦一起投师于精通捭阖之术的鬼谷子。学成之后，张仪便到各国游说。一次，在陪楚相喝酒时，楚相的一块玉璧不见了。众人怀疑张仪，说他贫穷，又德行不好，一定是他偷的。于是便不问青红皂白，捆起张仪，打了他几百鞭子。事后，张仪的妻子看到他那狼狈相，不禁叹息道：“你如果不去游说，哪能招来这场羞辱？”但张仪却对妻子说：“我的舌头还在吗？”他的妻子没好气地说：“在呢！”张仪这才如释重负道：“那就行了！”重视舌头就是重视论辩，其时论辩的重要性，于此可见一斑。

诡辩就产生于古代的论辩中。

春秋战国时期，群雄并立，列国纷争，是中国历史上的一个大变革时代。随着古代奴隶制的崩溃和新兴封建制的出现，新的生产力和新的经济关系的诞生，兴盛了数百年的周朝典章制度，已无法挽回。以往的“溥天之下，莫非王土；率土之滨，莫非王臣”（《诗经·小雅·北山》）的局面，已名存实亡。“社稷无常奉，君臣无常位”（《左传·昭公三十二年》）的事实，被《诗经》形象地比喻为“高岸为谷，深谷为陵”（《诗经·小雅·十月之交》）。为了重新实现中国社会的有效管理，政治家、军事家、思想家们纷纷“思以其道易天下”。这样，现实的政治活动、军事活动、外交活动的需要，决定了这个时代是一个需要论辩、产生论辩的时代。为了政治、军事、外交、伦理等的需要，各种论辩者都在通过自己的谈说论辩来播其声、扬其道、释其理。通过谈说论辩的形式来辩明一定的道理，阐述一定的思想。

因此，诸子蜂起，百家争鸣，论辩成风，雄辩家层出不穷。他们或“率其群徒，辩其谈说”，或单枪匹马，纵横捭阖，在时代所赋予他们的舞台上，展现着自己的辩诘雄风。

于是，辩论的艺术在这种政治斗争和学术争鸣中，便有了非常重要的作用。从史书所记载的许多故事来看，当时一场论辩的胜负，往往决定着一个国家的荣辱、一个决策的成败。于是，“朝聘会同，行人奉使，权宜专对，断章赋诗，战胜唇舌之间，增辉坛坫之上，小则系乎国家，大则动关天下”[1]。我国成语宝库中就有许多成语是这种论辩典故的结晶，如“完璧归赵”“螳螂捕蝉，黄雀在后”等，不一而足。

但在这讲究论辩艺术的年代，有一些论辩家为了播己之声、扬己之道、释己之理，不惜采用各种游说手段，正理歪理一齐上，只要能说服就行。例如，张仪在秦国推行连横策略，苏秦则游说其他国家合纵抗秦。“苏张之口”成为后人对能言善辩者的形容词。

汉代陈亮曾说过：“乃至战国之际，强弱之相形，众寡之相倾，一时鲜廉寡耻之徒，往来乎其间，摇唇鼓舌，劫之以势，诱之以利，怒之以其所甚辱，趋之以其所甚欲，捭阖而钳制之，以苟一时之成事者，此无异于白昼而攫者也。盖其原起于鬼谷子，而成于仪（张仪）秦（苏秦）”。（《陈亮集·史传序·辩士传序》）《商君书·算地》则说：“谈说之士资在于口。”

[1] 谭戒甫：《公孙龙子形名发微》，第108页。

即谈说论辩的人的本钱是一张能说会道的嘴。

另一方面，当时的社会大变革也造成一定的“名实是非相淆”，这也迫使思想家们开始围绕表述事物之“名”的性质、内容、相互关系等问题展开了辩论，并形成了专以辩论“名实”问题而著称的一个学派——名家。其代表人物有邓析、惠施、公孙龙。但在他们关于“名实”问题的论辩中，为了显示论辩技巧，他们经常进行一些奇特的论辩，如上述邓析的“两可之说”。惠施更是在对事物“名实”关系的分析中，提出了分析事物道理的十个命题，这就是“历物十事”：“至大无外，谓之大一；至小无内，谓之小一”；“无厚不可积也，其大千里”；“天与地卑，山与泽平”；“日方中方睨；物方生方死”；“大同而与小同异，此之谓小同异；万物毕同毕异，此之谓大同异”；“南方无穷而有穷”；“今日适越而昔来”；“连环可解”；“我知天下之中央，燕之北、越之南是也”；“泛爱万物，天地一体也”。这些辩题在当时的人看来，简直是不可思议的，是地地道道的诡辩，而惠施却“以此为大，观于天下而晓（启发，引导）辩者。天下之辩者相与乐之”（《庄子·天下》）。

同时，惠施还与当时的“辩者”就二十一个辩题展开了激烈的论辩，这就是著名的“辩者二十一事”：“卵有毛”；“鸡三足”；“郢有天下”；“犬可以为羊”；“马有卵”；“丁子（青蛙）有尾”；“火不热”；“山出（有）口”；“轮不蹍地”；“目不见”；“指不至，至不绝”；“龟长于蛇”；“矩不方，规不可以为圆”；“凿不围枘”；“飞鸟之景未尝动也”；“镞矢之疾，而有不行不止之时”；“狗非犬”；“黄马骊牛三”；“白狗黑”；“孤驹未尝有母”；“一尺之棰，日取其半，万世不竭”。对于这些奇谈怪论，“辩者以此与惠施相应，终身无穷”（《庄子·天下》）。

这些辩题，曾在当时社会引起很大轰动。惠施自命不凡地宣称：“天地其壮乎！”表明别人“辩”不倒他；虽然这些辩题用现在的眼光看，不乏一些真理性的东西，是在对常识的否定中，以奇谈怪论的形式曲折地表达了点滴的真理；虽然黑格尔也曾说过，常识是一个时代的思维方式，“其中包含着这个时代的一切偏见”[1]；虽然这些论辩也从反面刺激了中国古代逻辑思想的研究；但是，当惠施“日以其智与人辩”“天下之辩者相与乐之”的时候，这些论辩显然也背离了讨论真理的论辩目的，故而鱼龙混杂，泥沙俱下，点滴的真理被诡辩掩盖了。

因此，庄子说这些论辩是“弱于德，强于物”，只能“饰人之心，易人之意，能胜人之口，不能服人之心”，认为这些“辩者”是“存雄（雄心）而无术（道术）”（《庄子·天下》）。汉代陈亮则更批评他们说：“战国群谈聚议，妄为无类之言。彼固自知其不可而姑为戏玩一也。”（《习学记言序目》）再以后的人干脆把这些“辩者”的才智和辩术称为“小夫蛇鼠之智”（宋濂语），“千古奸邪之术”（卢绍弓语）。这些“戏玩”的“无类之言”的评价，很好地说明了这些辩题的性质。

公孙龙的“白马非马”也可叹为千古奇谈。

至于庄子，虽然他的思想闪烁着辩证思维的睿智光芒，使他成为中国思想史上的一位大思想家。但他的许多辩题，其论证奇特，言辞诡异，纵横捭阖。就连他的学生也说庄子好为“谬悠之说，荒唐之言，无端涯之辞，时恣纵而不傥”。所谓“无端涯之辞”，用老百姓的话说，就是“没边没沿”，可见其论辩中也有许多荒诞无稽、“諔诡可观”的诡辩。

可见，“诡辩”在中国可谓是源远流长。对于这些诡辩，我们将在以后对诡辩的分析中具体谈到。

[1] 参见黑格尔：《哲学史讲演录》第2卷，第33页。

“靠舌头过活”
——古希腊的诡辩源头

与中国先秦同时代的古希腊，也是思想睿智大放光彩的时代。各种哲学思想轮番上场，探讨着世界如何形成的问题、探讨着人怎样认识世界的问题。在争鸣中，哲学家们都以语言为武器追求真理，讲演、论辩之风日盛。时代的需要也迫使社会产生了掌握讲演术、论辩术的需求。柏拉图就曾认为，讲演术是“任何城市里的人们本身的自由和对他人的统治的最大利益和原因”，因为，“言语能够说服法庭上的法官，议会的议员、会员以及一切集会上（不论是什么样的国民集会）所有的人”[1]。于是，雄辩家纷纷登场，雄辩名篇也不断展现。如著名哲学家苏格拉底的《在雅典五百公民法庭上的答辩》，著名演说家德摩西尼的《斥腓力演说》等，都是辩论讲演中的珍品，千古传诵。

在这一时期，希腊社会也出现了一批专门收取学费以传授修辞、讲演术和论辩术的人。由于这些人中的著名代表普罗泰戈拉第一个自称“智者”，所以，人们把他们叫作“智者学派”。这些智者大都具有相对主义、怀疑主义、感觉主义倾向。在早期，由于他们所传授的是实用的知识，所以很受人们尊敬，如普罗泰戈拉和智者学派的另一著名代表人物高尔吉亚，就都以传授讲演术和修辞术而闻名于世。普罗泰戈拉还因其为传授辩论术而做出的贡献，被世人称为

[1] 柏拉图：《高尔吉亚篇》，第 452 页。

“辩论学之父”。但随着社会日益增长的政治、诉讼等方面的实际需要，智者学派中的一些人，对辩论表达方式的重视超过了对问题实质的重视，有的甚至到了对事物的是非黑白不管不顾的地步。

例如，高尔吉亚就以怀疑主义的态度，提出了三个著名命题：无物存在；即使有某物存在，我们也不能认识它；即使我们可以认识某物，我们也无法把它告诉别人。高尔吉亚在论证这些命题时，就利用了思维与存在的矛盾、思维与语言的矛盾、逻辑的矛盾来否认事物的存在，否认对存在的认识，否认思维反映、表述存在的直接现实性。这就使他的论证具有了典型的诡辩意味。这种宣讲讲演之道中注重技巧而不在乎内容的方法，使他们受到非议。难怪古希腊戏剧家阿里斯托芬讽刺高尔吉亚，说他是“靠舌头过活”的人[1]。

至于智者学派中的一些末流，更是同中国先秦时代的“辩者”们一样。在论辩中抛弃常识，“以正当方式或卑鄙手段”制敌取胜，或压制和戏弄对方，以逞其能，沦落为典型的诡辩家。

例如，苏格拉底带着一个青年到智者欧底姆斯那里去请教。于是智者向这个青年提出一个问题：“你学习的是已经知道的东西还是不知道的东西？”这个青年回答说：“学习的是不知道的东西。”于是智者开始了一连串的追问：

“你认识字母吗？”

“认识。”

“所有的字母都认识吗？”

“是的。”

“如果你认识字母，那么老师教你的就是你已经知道的东西了？”

[1] 参见阿里斯托芬：《阿里斯托芬喜剧集》，人民出版社 1954 年版，第 33 页。

“是的。”

“那么，或者你并不在学，只是那些不认识字母的人在学吧？”

“不，我也在学。”

“那么，如果你认识字母，就是在学你已经知道的东西了？”

“是的。”

“那么，你最初的回答就不对了。”

这个青年彻底被智者欧底姆斯征服了，于是甘心拜欧底姆斯为师。

在这一时期，哲学上的论争也产生了许多著名的诡辩命题。

如被世人称为“辩证法之父”的赫拉克利特，把世界的本原归结为“火”。又由于火是永恒流转的，因此，由火所生成的世界万物也是处在不停的运动变化之中。为了说明这种“一切皆流，无物常住”的性质，赫拉克利特提出了一个著名的论题：“人不能两次踏入同一条河流。”但他的学生克拉底鲁却把老师关于运动变化绝对性的思想绝对化，完全否定了事物的相对稳定和相对静止，干脆又提出了“人不能同时踏入同一条河流”的命题，“把赫拉克利特的辩证法弄成了诡辩”[1]。

爱利亚学派的代表人物芝诺，在为本宗本派的主张进行辩护时，也在想方设法，挖空心思。如他为了否定运动的存在，提出了自己非难运动的四个命题，即“二分法”“阿基里斯追不上乌龟”“飞矢不动”“运动场”。当我们看到这四个命题时，不由得想起了中国古代“辩者二十一事”中的“飞鸟之景未尝动也”和“一尺之棰，日取其半，万世不竭”的奇谈怪论。

麦加拉学派也常常提出一些诡辩的命题。通过揭露论题的矛盾，使人限于困境。其中最典型的就是由它的代表人物欧布里德所提出的“谷堆”“撒

[1] 《列宁全集》第38卷，第390页。

谎者”“有角的人”“秃头”等。

这些命题如果按现代逻辑或现代哲学的眼光来看，一是开“悖论”研究之先河，如“撒谎者”就是一个典型的语义悖论；二是涉及了言语行为中的“预设”问题，如“有角的人”就是一个典型的语言预设句；三是涉及量变和质变的矛盾问题，如“谷堆”和“秃头”就是关于量变到质变的关系问题。但是，在这些命题的论证中，欧布里德也是在利用概念的灵活性和语言中的矛盾进行论辩，也是让当时的人惊诧不已的，所以说，它们也是诡辩。

此外，古希腊还有一些著名辩题。如下：

你不能在有限的时间内越过无穷的点：在你穿过一定距离的全部之前，你必须穿过这个距离的一半。这样做下去就会陷于无止境。所以，在任何一定的空间中都有无穷个点，你不能在有限的时间中一个一个解除无穷个点。

阿基里斯（古希腊跑得最快的人）追不上乌龟：他首先必须到达乌龟出发的地点，这时候乌龟会向前走了一段路。于是阿基里斯又必须赶上这段路，而乌龟又会向前走了一段路。他总是越追越近，但是始终追不上乌龟。

飞着的箭是静止的：因为，如果每一件东西在占据一个与它自身相等的空间时总是静止的，而飞着的东西在任何一定的瞬间总是占据着一个与它自身相等的空间，那么它就不能动了。

一半的时间等于一倍的时间……[1]

一粒谷子不能说成是一堆谷子，再加一粒也不能说成是一堆谷子，这样一粒一粒加上去，永远也不会堆成谷堆。

拔掉一根头发不能成为秃子，再拔掉一根也不能成为秃子，这样一根一根拔下去，永远也不会成为秃子。

如果一个人在说“我在撒谎”，那么人们永远也不能判定他这句话的真假。

[1] 《古希腊罗马哲学》，商务印书馆1963年版，第57~58页。

因为，如果他说的这句话是真的，就是说他说的是一句真话，那么“我在撒谎”这句话就是假的了；如果说他说的是句假话，那么，“我在撒谎”这句话就又是真的了。

你没有失去的东西，就还在你那里。你没有失去角，因此，你就是有角的人。

“一切都是幻觉”
——古印度的诡辩源头

婆罗门问：“汝（你）为何名？”

提波答：“名天。”

问：“天是谁？”

答：“我。”

问：“我是谁？”

答：“狗。”

问：“狗是谁？”

答：“汝。”

问：“汝是谁？”

答：“天。”

问：“天是谁？”

答：“我。”

问：“我是谁？”

答：“狗。”

问：“狗是谁？”

答：“汝。”

问：“汝是谁？”

答：“天。”

婆罗门被折服。[1]

在古印度，思想文化也异常发达，宗教、哲学，派系丛生，观点纷呈。各宗各派之间，各擅锋锐，以求生存与发展。因此，论辩也是十分发达。在其古典文献《五十奥义书》中，就记载有很多生动的论辩。

在这些论辩中，有些论辩属于派系之争、观点之辩，但有些论辩恐怕也是纯粹炫耀自己如何披坚执锐了。

如被佛教尊为龙树菩萨的哲学家龙树，他有个弟子叫作提波。有一次，提波来到钵罗耶伽国的伽蓝，城中有个婆罗门“高论有闻，辩才无碍，循名责实，反质穷辞”，看来是个论辩高手。上述让人哭笑不得却又不能不甘拜下风的“弯弯绕”，就是他与提波论辩的结果。

还有一位智者，他经常向国王讲授“一切都是幻觉”的观点。有一次，宫廷里惊了一头大象，大象乱跑一气，把这个智者吓得屁滚尿流，东躲西藏。事后国王嘲笑他说：“你是被幻觉吓跑的吗？”这位智者面不改色心不跳地回答：“国王，您看见我逃跑只是一种幻觉。”诡辩到如此地步，人们还能对他说什么呢？

如上，东西方的“诡辩”都可谓是源远流长。了解了这些诡辩的源头，有助于我们认识并破斥现实生活中的诡辩。

[1] 见玄奘：《大唐西域记》，上海人民出版社 1977 年版，第 118 页。

02

第二部分 思维的陷阱

——为什么要了解诡辩

说话者在“说什么”的时候，他的目的在于通过表达自己的思想，在听话者身上产生一定的影响，出现一定的效果。“如何说”是衡量说话者表达能力的尺度，而如何理解“说什么”，是衡量听话者理解能力的尺度。

赔本赚吆喝
——有意和无意的区别

了解了诡辩的定义和诡辩的历史源头，我们还需要了解诡辩与谬误的区别。

已故著名相声演员侯宝林曾经说过一个传统相声《卖布头》：

一个卖布头的小贩一边卖布一边吆喝。他称赞他卖的布头白："气死头场雪，不让二场霜。"称赞他卖的布头黑："气死张飞，还不让李逵，气死了唐朝的黑敬德。在东山送过炭，在西山挖过煤，又当过两天的煤铺的二掌柜吧！"尽管这位卖布头的小贩起劲地吆喝，人们还是不买他的布头。于是他便一边吆喝，一边降价，两丈多的布头从三块六降到两块钱，于是有人表示愿意买他的布头了。但这时卖布头的小贩吆喝得昏了头，全然忘记了吆喝的本来目的是什么了，只见他一边吆喝一边砍价："这阵儿你要买我还不卖它。怎么回子事？我赔本赚吆喝……去两毛，让两毛，你给一块六！再去四毛你给一块二！再去两毛干脆一块钱！这不一块钱！去五毛，让五毛，你白拿去吧！"在口舌之快中，大过吆喝瘾的小贩"为艺术而献身"——赔得一干二净了。

"赔钱赚吆喝"的卖布头小贩虽然傻得可爱，但他并无恶意，只为吆喝得畅快、过瘾。并且就算是赔了个精光，他也心无挂碍，因为他赔的本都是从他自己腰包中掏出来的。因此，卖布头的小贩只是在吆喝的过程中忘了吆喝的本来目的，把“吆喝是为卖布”与“为吆喝而吆喝”颠倒了。

艺术的“赔钱赚吆喝”充其量只是谬误，而毫不务实的，甚至是营造自己职场晋升阶梯的“赔钱赚吆喝”则就是诡辩了。

谬误和诡辩都是指与真理相对或与客观事实不相一致的认识。但谬误是不自觉地违反思维规律或思维规则而产生的各种逻辑错误，而诡辩则是故意违反思维规律或思维规则而产生的各种逻辑错误，是思维的陷阱。本书中，我们在分析诡辩的过程中，也会涉及一些不自觉地违反思维规律或思维规则而产生的谬误。不再说明。

怎么去救火
——误解和曲解的区别

“救火！救火！”电话里传来了焦急的呼救声。

“在哪里？”消防队的接线员问。

“在我家！”

“我是问着火的地点在哪里？”

“在厨房！”

“我是问我们怎么去你家？”

“你们不是有救火车吗？”

“我是问我们怎么开到你家？”接线员显然有些生气。

“难道你们没有司机？”报警的人火气更大。

现实生活中，这种“你说城门楼，他说小草头”的沟通屡见不鲜。这种不得要领的沟通，涉及沟通交际中的语言环境问题。

人与人之间的沟通交际，都是特定的人在特定的时间、地点，以及交际双方共同具有的知识基础上，通过语言来完成的。这就是语言环境，简称语境。所有在特定语境完成的言语行为，都有一个说话者如何表达与听话者如何理解的问题，也有交际成功的等级问题。说话者在“说什么”的时候，他的目的在于通过表达自己的思想，在听话者身上产生一定的影响，出现一定的效果。“如何说”是衡量说话者表达能力的尺度，而如何理解“说什么”，是衡量听话者理解能力的尺度。

但是，语言的表达有时会产生一定的歧义，从而造成误解，这就需要通过语境来限制歧义，以消除误解了。具体的语境总是独一无二的，在特定的语境中，可以将一些含糊的语言，变为意义确定的语言。在“如何救火”中，问者之“疑”如果没有一定的语境，则会产生歧义，但答者却偏偏忘记了此时的呼救语境，在时间最为急迫的时候，纠缠于问者之“疑”的歧义上，使应答不得要领。而问者也没有在答者如此“不开窍”的情况下，及时调整“问句”，从而也助长了这种“不得要领”。因此，从沟通交际成功具有的等级性问题上看，由语言的表达歧义所造成的误解，是最糟糕的理解。

有则古代笑话，某地方官拜见巡抚大人：

巡抚：“你那里的百姓如何？”

地方官：“白杏有两棵，红杏倒不少。”

巡抚：“不是问杏树，是问黎庶。”

地方官：“梨树很多，只是结的果不大。”

巡抚：“什么梨树杏树，我是问你的小民。”

地方官：“下官小名叫狗子。”

地方官如此傻乎乎地“听话听声”，巡抚如此文绉绉地不知调整“问句”，使得这场沟通交际的成功等级为零。

有时误解所造成的结果就是“不解”，其成功交际的等级也为零。

一位幼儿园的年轻老师在上算术课。她问一个同学：“佳佳，你现在手上有一个苹果，你姐姐又给了你一个苹果。现在你手上一共有几个苹果？”

“可是我现在手上没有苹果呀。”佳佳很奇怪地说道。

“我只是打比方。假如你现在手上有一个苹果——”

“可是我手上真的没有苹果呀！”佳佳很委屈地说。

“你听好了，我现在只是在打比方。”老师有些生气，她又继续说道，“你现在手上有一个苹果，你姐姐又给了你一个苹果……”

“她根本不会给我苹果。她还想问我要苹果呢。”佳佳的语气很肯定地抢着回答。

“好吧。”无可奈何的老师又换了个说法，“你现在手上有一个苹果，你姐姐手上也有一个苹果。现在你俩手上一共有几个苹果？”

“一个。”

“那另一个苹果去哪儿了？”

“我姐姐给吃掉了。她从来都是这样，上次她刚有一块蛋糕……”

这位年轻的老师没等听完，早已气得说不出话来了。

在这个故事中，由于听话者的理解无意背离了原意，从老师的角度看只能说是糊涂的胡搅蛮缠。

不过，这个佳佳还是让人同情的。因为她的思维方式始终是以经验为基础的“意象—意象”的思维方式，而老师则是“意象—抽象”的思维方式。本来就是两条道上跑的车。这也就是为什么一些有多年小学教学经验的老师主张，学前孩子会计算并不重要，学前逻辑思维能力的培养应重于计算能力。[1]

上述这些误解只是谬误或笑话，但如果听话者的理解故意背离了原意，

[1] 参见《每日新报》2006年3月6日第19版专家系列答疑：“入学前逻辑思维能力重于计算能力。”

就变成了恶意曲解，就是诡辩了：

“工作的时候不准吸烟。”

“所以我吸烟的时候不工作。”

本来，第一句话中的“工作”是一个时段概念，而第二句话中的“工作”是一个动作概念，但答话者故意混淆，将“工作”的时段概念曲解为“工作”的动作概念，这就是在诡辩了。

由于曲解是一种明显的故意行为，所以，听话者的曲解往往会招来说话者的讨厌和仇视。如“杨志卖刀”中泼皮牛二对“杀人不见血”这一“夸张”恶意曲解，非要杨志杀个人给他验证一下，其胡搅蛮缠的十足无赖嘴脸，逼得杨志最后不得不杀了他，以验证自己的话的确“说得不错”。

我把你背出来
——真诚与强辩的区别

有时候，一些特定的沟通交际行为所表达的是特定的思维方式，这种思维方式在其他人看来似乎很荒谬，但由于它所表达的价值判断不一样，因此，它不仅不是诡辩，反而有许多可爱之处。例如：

有个人为抄近道，从麦田里穿行，结果被麦田的主人发现。在被吆喝指责之后，这个人赶快往出走。但麦田主人越发生气了："你还没踩够？站着别动！等我过去把你背出来。"[1]

在上述笑话中，麦田主人以"耿直"的表达方式，真诚地反映了自己的价值判断。他是在真诚地"说理"。但许多诡辩却是在非常"有理性"地强辩了。

某位匈牙利商人与我国一家制鞋企业签订了订购8万双鞋的合同。等货到开箱，这位匈牙利商人傻眼了：8万双鞋都是左脚。紧急追问后，鞋厂老板解释说："汉语的'双'就是两个。"无奈的匈牙利商人只得再订购了8

[1] 参见《万荣笑话集》，山西古籍出版社1997年版。

万双右脚鞋。

诚然，“双”的确有“两个”的含义，但这个“双”是指与“单”相对的对称的“双”。作为量词，它则用于成对的东西。鞋厂老板只用“双”的“两个”含义，抹杀了“双”的“成对”含义，自以为得计地一下子又增加了 8 万双鞋的出口。

某君一家报名参加了某旅行社的“华东五市游”。按行前签订的合同，所住宾馆为三星级饭店。等到实际住下时，才发现这个三星级饭店远离市区，一到晚上，一家老小只能闷头待在这个“三星级饭店”里，计划中的夜逛闹市泡汤了。追问之下，旅行社的人振振有词地问道：“难道我们做错了吗？”

还有的旅行社有“× 日双飞游”项目，实际上是乘第一天的晚班夜航机去，乘最后一天的凌晨早班机回。实际上是将“× 日双飞游”搞成了“× 日减二双飞游”。若要对其讨个说法，旅行社的计算也并没有什么错误。

这些“说理”似乎很“理性”，但明显是对理性判断的谬用，是在“有理性”地强辩着。这种强辩就是诡辩。

这些诡辩的蔓延，无疑会使人际沟通变得困难，有时还会造成社会的诚信危机。如上述那位鞋厂老板自以为得计，但殊不知在如此移花接木的“解释”之下，诚信尽丧，以后的生意将再也没得做了。而其所损害的国家信用，更是无法弥补。至于如今那些故意模糊语言，设置陷阱的广告、合同，表面上所损害的是人们的消费心理，但其所造成的危害则是经济信用危机乃至社会信用危机。

从人类思维发展史以及人类沟通交际的实际看，只要存在有思维交际，就一定会有正确的思维方法和不正确的思维方法。亚里士多德就曾说过："关于论证，像别的东西一样，有真正的论证，也有像赝品那样的东西。"在这种赝品中就包含有诡辩。它表面上振振有词，似乎很有道理，实际上却是故意违反思维规律或思维规则而挖的一个思维的陷阱。认清这一点，对于我们在人际沟通中如何采取正确的策略应对各种诡辩，有着重要的意义。

到底能不能
——清楚的头脑

我们小时候可能都曾有过类似如下的打嘴仗：

“长大了，我要周游整个世界。”

“你有那么多钱吗？”

“有！”

“没有！”

“就有！”

“就没有！”

“没有我也能挣出那么多钱来。”

“不能！”

“能！”

“就不能！”

“就能！”

……

长大了，我们自然不会再计较这笔永远算不清的糊涂账了。但是，在现实生活中，我们还能碰到更多的胡搅蛮缠、强词夺理。有时我们面对对方的那张“能把死人说活”的“好嘴”，气愤且又无奈地感到有点“秀才遇上兵，有理说不清”了。

当我们碰到那些“真是气死人”的诡辩时，应该怎么办?

其一，默默地忍受——你对！你对！

其二，一逃了之——你行！你行！

其三，那咱们就胡搅吧——要打架了。

其四，有必要好好理论一番——讲讲道理。

虽然中国古代的圣贤邓析曾经说过：“非所宜言，勿言；非所宜争，勿争。”（《邓析子·转辞》）“一声而非，驷马勿追；一言而急，驷马不及。故恶言不出口，苟语不留耳，此谓君子也。”（同上）孔子也认为，人的言语行为要符合“礼”，在言语交际活动中，不能有争强好胜的争执。因此，他要求“君子矜而不争”（《论语·卫灵公》），“君子无所争”（《论语·八佾》）。虽然荀子也曾经说过：“彼争者，均者之气也。”（《荀子·尧问》）并且告诫我们：“有争气者，勿与辩也。”（《荀子·劝学》）但是，正如黑格尔曾经指出的：“找岔子要比理解肯定的东西容易。”[1]为了保证人际沟通的正常进行，不到万不得已的地步，我们还是应该对这种“找岔子”理论一番。

当然，这种“理论一番”并不是斗气，而是真正的讲道理。因此，对于上述“真是气死人”之后的四种选择，我们恐怕不能一味地为避免无谓的争吵而采取“不妨姑息”的温情主义。虽然有时“沉默是金”，但为了保证人际沟通的正常进行，更多的时候应该是“雄辩是金”“该出手时就出手”。

因此，我们有必要对对方的“不屑”探个究竟。而这需要我们有必

[1] 黑格尔：《法哲学原理》，商务印书馆 1961 年版，第 259 页。

备的知识，以保证我们有清楚的头脑，从而在“辩而不争”（《荀子·不苟》）的谈说论辩过程中，以“告之示之”（《荀子·荣辱》）的说理方式，以“言必当理”（《荀子·儒效》）的说理内容，分析诡辩、清除诡辩。这也符合孔子所说的：“可与言而不与之言，失人；不可与言而与之言，失言。智者不失人，亦不失言。”（《论语·卫灵公》）在人际沟通的交际场中，对待同一个问题，不同的知识水平、思想观点、社会经历，会给予人们不同的认识角度和主观态度。也正是因为这种不一致，人们才需要沟通。

为了保证沟通的正常进行，必定要求有一个“共许”的思维接口，从而使人们的对话成为可能，从而促进相互沟通。虽然服从这个“共许”，有时未必是自觉的或自愿的，但却是现实的。这种现实性就在于它是在现实的社会关系中，规范人们正确思维的强约束。这种强约束不但体现了人类的逻辑精神，同时还体现了人类的伦理精神。

1+1 等于几
——健康的心态

有人问我们一个大哲学家、数学家罗素曾经问过的问题："1+1 等于几？"

既然是罗素提出的问题，由于其思想深邃，思维方式一定与常人迥然不同，提出的问题一定有无限奥秘，我们自然也不能用常人的思维方式来考虑。于是我们想来想去，在什么情况下，1+1 等于虚无；在什么情况下，1+1 等于 1；在什么情况下，1+1 等于无限；在什么情况下，1+1 等于力量；在什么情况下，1+1 等于友谊；在什么情况下，1+1 等于爱情；在什么情况下，1+1 等于永恒……反正，我们不能"愚蠢"地想到 1+1 会等于 2。

1+1 等于 2，这应该是千古不变的真理。可为什么我们在这些真理面前，却要绕来绕去想那些不着边际的答案呢？实在是因为我们在"崇拜权威"的心态支配下，忘记了真理是人们的认识、意识对客观事物及其规律性的正确反映，是人们的认识、意识中包含的与客观事物及其规律性相一致的内容。这种唯权威是从的心态，使我们清醒的头脑再度糊涂起来，如同中世纪的那个经院哲学家一样，坚定不移地信奉亚里士多德曾经认定的"人的神经会合于心脏"观点。当他被一个解剖家请去参观人体解剖，并亲眼看到人的神经确实在大脑中会合时，仍然要说"假如亚里士多德的著作里没有说神经是从心脏中产生出来的，那我一定会承认这是真理了"。

在现实的人际沟通中，人微言轻的现象并未绝迹，在“权威”的“马首”下，许多人把自己无限地边缘化了，从而使自己处在一个不平等的论辩角色上，深怕贻笑大方。

进化心理学的研究结果表明，识破骗局、避免被愚弄上当，是人类最强烈的心理感情之一。因此，在现实的人际沟通中，为了对付诡辩及谬误，我们不但要有清醒的头脑，而且还要有健康的心态。只要对方故意违反逻辑，那就是诡辩，那就要义不容辞地驳斥他。罗素说得好，1+1 等于 2，这是千古不变的真理，而对于真理，我们没有什么可犹豫和顾忌的。

磨刀不误砍柴工
——掌握必备的逻辑思维知识

“工欲善其事，必先利其器。”健康的心态需要稳定的心理基础，而清楚的头脑则需要一定的知识准备了。

邻居家通宵达旦地打麻将，你实在忍不住，上门讨个说法：

“你们这样通宵达旦、吵吵嚷嚷地打麻将，影响别人休息。”

“影响别人，又不影响你。”

“怎么不影响，你们深更半夜还在吵吵嚷嚷，吵得人睡不着觉。”

“你们家孩子能不能不在深更半夜哭？也吵得人睡不着觉。还有你们家厕所的水管流水声特别大，你们家能不能把厕所关上？”

真可谓尖牙利齿。为了痛痛快快地破斥这类思辨的把戏、语言的诈骗，我们唯有保持清醒的头脑、健康的心态和敏锐的洞察力，才能不被其所蒙蔽。

什么叫作“清楚的头脑”？就是“思想要确定”，要善于合乎逻辑地思考问题，“在任何时候都必须用思想的首尾一贯性去帮助还不充分的知识”。[1]

至于如何“思想要确定”，从而保持“清楚的头脑”，逻辑学是最基本

[1] 《马克思恩格斯选集》第3卷，第459页。

的知识。关于这一点，黑格尔曾有言在先："从事这种形式逻辑的研究，无疑有其用处，可以借此使人头脑清楚。"[1]

当人类发展到一定阶段，为了正确地认识世界、正确地进行沟通交际，就要对自身的认识能力——思维进行研究了。因此，许多学科都在研究思维，如哲学、心理学、逻辑学等。

但哲学是从认识论角度，也就是从人类认识的来源以及认识发展过程的角度来研究思维的，如认识发展的过程是从感性认识到理性认识，途径是认识—实践—再认识—再实践等。心理学则是把思维作为一种心理活动，探讨思维发生、发展的过程、机制和规律。普通逻辑学只研究思维形式、思维规律。

由于人际沟通中最基本的思维方式是逻辑思维方式，而作为思维的陷阱——诡辩，更多是违反了逻辑思维的基本规律和规则，所以，为了更清醒地认识诡辩、破斥诡辩，逻辑思维的基本知识，是我们必备的最基本的思维知识。

（1）什么是逻辑？

逻辑是关于思维形式及其规律的科学。

（2）什么是思维？

思维是认识的理性阶段，它是一个对感性认识进行加工，进而把握事物本质，形成概念、判断、推理的理性认识过程。

人们对于世界的认识，是一个从感性到理性的过程。在这个形成思维的过程中，思维具有哪些特点呢？

第一，具有间接性。思维只有在感性认识的基础上才能实现。

第二，具有抽象性。思维是人们在反映客观事物时，舍弃了非本质的东

[1] 黑格尔：《小逻辑》，商务印书馆 1981 年版，第 73 页。

西，抽取其本质东西的认识过程。古希腊曾有人给“人”下定义：“人是两足直立的无羽毛的动物。”由于这个关于“人”的定义并没有抽象出“人”的本质，因此，有人把一只拔光了毛的鸡扔到这个人的面前说：“给，这就是你说的人。”我们不能说第二个人在诡辩，只能说第一个人的思维认识不具有抽象性。

第三，具有概括性。思维是通过抽象从部分认识对象中得到本质的认识，推广到这一类事物全体的过程，思维表达的是事物的具有本质意义的抽象属性。例如，历史上不同的学科曾给“人”下过不同的定义，有几十种之多。但无论哪一个学科的定义，都可以推广到人类的全体。

第四，思维需要借助语言来实现。人们是用语言进行沟通交际的，语言是思维的物质外壳，思维是语言的思想内容。没有语言，人们相互之间的沟通就只能比比画画地互相猜来猜去；没有思维，人们相互之间的沟通就变成牛吼了。

（3）什么是思维形式?

思维形式是思维内容的一般形式结构。

任何事物都是形式与内容的统一，思维也是形式与内容的统一。其思维内容就是反映到人们思维中的客观对象；其思维形式就是思维内容的一般形式结构。也即，不同思维内容所包含的具有某种相同逻辑性质的组成部分之间的一般联结方式。它的表现形式是：

第一，思维形式是一种“样式”，是贯穿于一切具体思维内容中的形式结构。它是判断或推理共同具有的思维“样式”，由变项和常项组成。

第二，思维形式是从具体思维内容中抽取出来的，是判断或推理共同具有的，都是由变项和常项组成。

例如，古希腊哲学家苏格拉底曾经说过：“未经思考的人生是不值得过的。”现在思考了：值不值得过？

古希腊哲学家柏拉图学园挂有一块牌子：“不懂几何者不得入内。”现在来了几个懂几何者，让不让进？

中国古代圣贤孔子曾经说过：“名不正则言不顺，言不顺则事不成，事不成则礼乐不兴，礼乐不兴则刑罚不中，刑罚不中则民无措手足。”现在名正了，是否民就“有措手足”？

游泳池前也挂有一块牌子：不会游泳者不得入内。现在来了几个会游泳者，让不让进？

《刑法》上有一条：如果被教唆者没有犯教唆者所唆使的犯罪，那教唆者可以轻罪责。现在如果被教唆者犯有教唆者所唆使的犯罪，那么，教唆者将怎样？

上述的语言，尽管具体思维内容不一样，但如果从中抽取出思维形式，它们都具有一个固定的具有相对独立性的思维形式：

只有 p 才 q（$p \leftarrow q$）

或：如果不……则不……（$\neg p \rightarrow \neg q$）

这就使我们有可能学习并掌握这种思维形式的逻辑特征，即它在何种情况下具有何种真假值或不确定值。从而以形见理，对上述推理很快得出一个正确的结论来。如果还觉得抽象，我们就再举一个生活中的例子。

不生病就不会发烧。现在生病了，发烧还是没发烧？

思维内容不一样，但思维形式与上述提问是一样的。因此，由其“形同”而“理同”，上述问题就好理解了，因为思维的“共许”是“强约束”。如下例子：

有位大胆的姑娘，下夜班回家，发现后面有个人老是紧跟着。姑娘快走，这人也快走；姑娘慢走，这人也慢走。于是姑娘跑到路边一个公墓里，往一个墓座上一躺："这下总算到家了。"那人被吓跑了。后来又出现过一次类似的场景，姑娘又重演一幕"这下总算到家了"。后面紧跟的那位很高兴，也往旁边的墓座上一躺："哈哈，原来咱们是邻居。"这次姑娘吓跑了。

前后两次的"被吓跑"，就是两人都服从了思维的"共许"：必要条件假言判断（只有p才q）推理的肯定后件就要肯定前件。

（4）什么是思维形式的规律?

思维形式的规律是思维内容的一般结构的规律。即用概念组成判断和用判断组成推理的规律。它是客观事物确定性的规律在思维形式中的反映。

思维形式的规律有四个，它们分别有不同的基本内容和逻辑要求。

第一，同一律。在同一个思维过程中，每一思想都必须与自身保持一致。它要求必须保持思维的确定性，亦即每一个概念或判断必须保持自身的统一。否则将犯混淆概念或偷换概念、转移论题或偷换论题的错误。

第二，矛盾律。同一思维过程中，互相否定的思想不可能都是真的，其中必有一个是假的。它从反面要求思想必须首尾一贯，不能对相互否定的思想同时加以肯定，否则将犯自相矛盾的错误。

第三，排中律。在同一思维过程中，两个互相矛盾的思想，不可能都是假的，其中必有一个是真的。它进一步要求不允许对相互否定的思想同时加以否定，否则将犯模棱两可的错误。

第四，充足理由律。在论断过程中，任何一个论断被确定为真的，必须具有充足理由。它要求在一个论证中，理由必须真实，理由与推断之间要有必然的联系，否则将犯虚假理由或推不出原因的错误。

思维规律的基本内容和它的逻辑要求之间有其内在的联系。思维规律的基本内容是指思维规律自身的客观内容在思维中的反映。思维规律的逻辑要求是人们根据这些思维规律的内容为保证思维的正确性而提出的。两者既有联系，又有区别。思维规律的内容体现了思维规律本身的客观性、必然性，它是不以人们的意志为转移的，不管人们愿意不愿意，在人们进行思维的过程中，它总是起作用的；而思维规律的要求，人们可以遵守它，也可以违反它。

思维规律对人们如何运用思维形式进行思维提出了要求。符合要求、遵守规律的思维才是正确的思维。不符合要求、不遵守规律的思维即为错误的思维，其中即包括了诡辩。

因此，思维规律的作用即在于：它是保证思维形式的正确性所必须遵守的最起码的思维法则；它是从正确的逻辑思维形式中总结概括出来的，对各类逻辑形式的正确运用，都带有普遍性的意义；它保证思维过程的确定性（同一律的要求）、一贯性（矛盾律的要求）、明确性（排中律的要求）、论证性（充足理由律的要求）。

思维规律的特点有两个：一是强制性，任何正确的思维过程都必须遵守；二是规范性，凡是符合思维规律的思维过程就是正确的，反之，则是错误的。

我们之所以有必要学习、掌握逻辑学知识。是因为，人们即使没有系统学习逻辑学也在使用逻辑，但这种“使用”更多的是依赖于现实生活中从小至大积累起来的“逻辑感觉”。因此，这种“使用”就有正确和错误的区别；对思维规律、规则也有遵守和违反的不同。又由于思维形式与思维规律具有相对独立性，我们能够将它从不同的具体思维内容中抽取出来，使它暂时脱离思维内容，并对它进行专门的学习，从而分清正确的思维和错误的思维。因此，学习思维形式和思维规律的基本知识，亦即系统学习具有基础性、工具性、全人类性性质的逻辑学的基本知识，就可以在“法的意识”下，培养我们认识世界的方法；提高沟通交际的能力；识别、反驳错误的认识或诡辩；培养逻辑精神。从而把日常生活中积累起来的逻辑感觉，从“熟知的东西”变为“认识的东西”；从而使自己在现实的社会生活中更加有逻辑；从而将“自发的逻辑感觉”培养成为“自觉的逻辑意识”，并通过“自为的逻辑训练”，将逻辑感觉、逻辑意识升华为一种“自由的逻辑精神”，使之成为一种时刻用逻辑思考的习惯。这就是逻辑思维素质。它对于我们希望清楚地论证什么或反驳什么是时刻有用、永伴一生的。

例如，前些年，有一本书叫《河南人惹谁了》。其中有一段“你真的了解河南吗？”大意为，有个搞营销的人在河南受尽了不公平的待遇，因此在网上发了一篇针对河南人的帖子：“朋友，你去过河南吗？如果你来过河南，我奉劝你不要再来；如果你没有来过，告诉你最好不来……”本书作者大为不平，便开始告诉人们如何“了解真正的河南，了解真正的河南人”：

“如果你有机会踏上河南的土地，我劝你最好选在秋末冬初的时节，因为那个时候庄稼已经收割，绿叶已经褪尽，你眼里的河南才是裸露的真实的河南。

“在你看到河南平原上一望无际的黄土的时候，不管你是北方人还是南方人，是移民新疆或是迁徙福建，你都应该想到——你的先祖曾经用这块土地上收获的粮食养育过你们这些儿孙，你的祖辈曾经用这里成片的森林燃起篝火来铸犁铸剑，你的父辈就是在这片土地上为了你的今天拼死一战。

“在你看到那浊浪翻卷的黄河水滚滚东去的时候，不管你是年轻人还是老年人，是嫁作了老乡的儿媳还是客居中原，你也应该想想那单薄的渡船里是否还有你父亲北上讨生时留下的风尘？那碗你现在连看也不愿看一眼的黄河水——半碗是你身上的筋骨，半碗是中原身上的血汗。这才是真正的河南。”

作者在那封帖子之后，又加发了一封这样的帖子：

“朋友，你去过河南吗？你了解河南人吗？如果你来过，河南人欢迎你再来；如果你没有来过，告诉你最好来看一看。”

看了这篇反驳，人们能够得出什么结论？

首先，诋毁河南人的那封帖子：“你去过河南吗？如果你来过河南……如果你没有来过……”

“去”和“来”在这封帖子中，作为言语行为的主体，有确切的含义，作为外地人，他应始终使用“去”。但由于他“来”“去”不分，所以他的角色地位让人心存疑问：“你到底是什么地方的人？”

同样，为河南人辩护的那封帖子也是如此：“你去过河南吗？如果你来过……如果你没有来过……”

作为辩护的言语行为的主体，辩护人要么是作为其他地方的人为河南人打抱不平，要么是作为河南人而为家乡人辩护。但由于他也是“来”“去”不分，所以他的角色地位也让人心存疑问：“你到底是什么地方的人？”

因此，由于概念不清楚，这个辩护不得要领。此其一。

其二，我如何“了解真正的河南人”？通过这满篇的富于感情色彩的历史描述和情景描述，我们能够做到这一点吗？这通篇的诗意与作者的论证有什么必然的联系？显然，论证没有相关性。因此，这篇辩护文章虽文学色彩浓郁，但论证性不强，偏离了辩护的主题。

总之，为了分析、清除诡辩或谬误，我们必须要掌握必备的逻辑思维知识，这样我们才可能在任何一个分析论证中，使思维的线索缀满“逻辑”的花结。当然，为了更好地辨明诡辩，清除诡辩或谬论，除最基本的普通逻辑的思维知识外，我们还需要掌握一些辩证逻辑的知识、语言逻辑的知识、批判性思维的知识、心理学的知识等。

但是，在这些庞大的思维科学体系面前，如何学好却又有一个方法论的问题,这就是如何掌握学习思维科学的要领。唐代学者韩愈曾经说过:“记事者必提其要。”明代学者陈献章则说过：“学贵有疑。小疑则小进，大疑则大进。疑者，觉悟之机也。一番觉悟，一番长进。”

为了“若挈裘领，诎五指而顿之，顺者不可胜数也”(《荀子·劝学》)，我们认为，逻辑思维的要领，就是“思想要确定”；辩证思维的要领，就是“思想要具体”；批判性思维的要领，就是“思想须质疑”。如果我们能够通过掌握这些要领，继而掌握并熟练运用思维科学的知识，我们就能够以“利其器”而“善其事”。

邪说不能乱
——了解诡辩的目的

某君一天到晚在家弹钢琴，邻居们终日困囿在永无尽头的“音乐”声中。在劝说无望之下，集体将其告上法庭。在法庭辩护时，此人振振有词地说：“我有义务培养他们高雅音乐的情操。”由于当时没有相关的法律，大家只能进行庭下和解。然而一出法院大门，此人直奔回家，又一口气弹到深更半夜。

“凡事都应该有个限度，这是做人的道理和责任。”“任何个人的行为都应该有一个符合社会公德的标准。”……诸如此类的驳斥，我们也许能举出许多来。但这许多驳斥的话大多是在时过境迁之后才想出来的，更多的情况却是，面对那些诡辩，当事人却只能瞠目结舌。义愤填膺的我们，连“上门砸烂他的钢琴”的心思都有。这正是“真是气死人”之后的又一种苦恼。

但如果我们有了充足的思维科学的知识，我们就大可不必为“干气没话说”而苦恼，也不必为这种“恨不能……”而琢磨什么情绪化的极端想法，更不必为那些颇具迷惑性的言辞感到疑惑了。我们完全可以“君子动口不动手”，应对于当对之时，用正确的思维来破斥诸如此类的诡辩，并且辩必当理，以理服人。

基于此，我们了解、认识诡辩的目的就在于：

第一，为了有效地同诡辩做斗争。诡辩是思维的陷阱，它阻碍着人际沟通正常、顺利、有效地进行。但诡辩又因其“貌似有理”，使得它比一般的“无理搅三分”更让人难以识别。基于此，我们在掌握了正确思维的知识之后，就可以以这些知识为利器，系统地分析诡辩。也只有当我们真正做到“知己知彼”之后，才能在与各种诡辩的斗争中“恢恢乎其于游刃必有余地矣”，真正做到“百战不殆”，以“猛士如云唱大风”的气概，揭露诡辩，破斥诡辩，清除诡辩。

第二，增强自己正确思维的能力。破斥诡辩的过程，同时也是增强自己正确思维能力的过程。因此，知晓了诡辩“是什么”和“为什么”，我们就可以在人际沟通中，保持“清楚的头脑”，以批判性思维为前导，将自己自发的逻辑感觉，培养、锻造为自觉的逻辑意识，并经过自为的思维训练，将自觉遵守的思维规律和规则的意识和素质升华为一种自由的逻辑精神。

第三，“邪说不能乱”。破斥诡辩的过程，也是一个“邪说不能乱”（《荀子·正名》）的过程。而这个过程所指向的最终目的即在于，“我们就可以在思想上得到真理而在行动上得到自由”[1]，从而保证所有的人际沟通正常有效地进行。

自古至今，只要有思维，那些诡辩或谬误就会瓜瓞连绵。手持“利斧”，面对诡辩，“天地其壮乎”！

[1] 培根：《新工具》，《十六—十八世纪西欧各国哲学》，第47页。

第三部分

洞烛玄机

——诡辩的种种手法

诚如前述，诡辩是在谈说论辩的过程中，诡辩者为了维护自己的虚假论断或反对别人的真实论断，故意违反逻辑论证或各项规则所采取的种种“总是有理”的错误论证方法。为了辨识这些诡辩是如何构设语言陷阱的，我们有必要对诡辩的种种手法进行一些简单的剖析，以洞烛其玄机。

百般抵赖
——否认事实的诡辩（一）

“就不是！就不是！就不是！”

这是自古以来幼稚型强辩的最典型话语。这种话语，如果不自觉地没有意识到，则可以作为一个笑谈。如《百喻经》中有这么一则故事：

有许多人坐在一间屋子里，谈论某人的品行。其中有一个人说：“这个人其他方面都不坏，只有两样不好。一是喜欢发怒，二是做事鲁莽。”不料此人正好经过门外，听到这话，勃然大怒，一脚踢进门去，挥拳便打那个说话的人，嘴里还叫道：“我到底什么时候喜欢发怒？什么时候做事鲁莽？”别的人都说道：“过去且不说了，现在不就证明了吗？”

俗话说：事实胜于雄辩。在这里，事实奏了“立刻证明”的奇效。

但是，如果是“故意没有意识到”，用各种各样的谎言或狡辩否认所犯过失或罪行，就是百般抵赖的诡辩了。然而直到今天，这种百般抵赖的“就不是”的诡辩话语，仍未绝迹。

强词夺理
——否认事实的诡辩（二）

如果说“百般抵赖”是幼稚型的“就不是”诡辩手法，那么，“强词夺理”则是以“说理”的形式，把无理的说成有理。这是一种公然不顾最起码的常识、事实和道德，扯野撒泼的诡辩手法。

如当年阿Q翻墙进尼姑庵偷萝卜，被老尼姑当场捉住后，阿Q就是死不认账。当老尼姑指着阿Q的衣兜问：“这不是？”阿Q就理直气壮地说：“这是你的？你能叫它，它答应你吗？”

现如今，类似这种“说理”可谓是不绝于耳。

例如，如今就有人振振有词：“我买盗版盘是因为穷。”

这个诡辩同“我抢劫杀人是因为穷”有什么两样？在此荒谬的因果关系面前，“月黑风高夜”真乃“杀人放火天”的“天赐良机”。

俗话说，“盗贼也有三分理”。但是，这些现代的强词夺理，不但违反了逻辑的规则，还违反了任何社会都应该具有的社会公德。

信口雌黄
——歪曲事实的诡辩

虽然事实胜于雄辩，但在诡辩者那里，当事实不容否认时，事实也可以变成一个任意捏搓的面团，这就是信口雌黄。雌黄又叫鸡冠石，是一种矿物，呈黄褐色。古代写字用黄纸，写错了就用雌黄涂改。信口雌黄就是无视事实，随口乱说的诡辩。

如隋代笑话集《启颜录》中有一则“无一无二”的故事：

北齐高祖的时候，有一个高僧叫大德法师，很是善于诡辩。有一次高祖叫他坐在高座上给大家讲道。大德法师立了一个“无一无二”的论题。当时很多著名的儒生学士都没有驳倒他。高祖听说有一个叫石动筒的，也很善于论辩，于是叫人把他找来驳这个法师。石动筒来了后，问法师：“看弟子有几只脚？”法师说：“两只脚。”石动筒又一脚向后，一脚独立，问法师：“再看弟子有几只脚？”法师说：“一只脚。”石动筒说：“刚才是两只脚，现在又是一只脚，怎么能说无一无二呢？”大德法师立即回答：“如果说两只脚是真的，就不应有一只脚；如果说有一只脚，那明明有两只脚就不是真的了。”

真是一张好嘴呀！但总让人觉得别扭。问题到底出在哪儿呢？结合上例

"百般抵赖"的诡辩，我们试分析之，并佐以现代信口雌黄的诡辩实例。

人们在人际沟通中，总是相互传递着某种信息，或是讨论着某个问题。这种讨论问题的过程，就是一个论证的过程。一个完整的论证过程，是所有思维形式的综合运用，它必然由论题、论据和论证方式组成。

论题是真实性或虚假性需要确定的判断，它所要回答或明确的是："证明什么或反驳什么"，即"要说明什么"。一般来讲，论题分为两类：一类是科学上已知为真的判断，一类是真实性需要检验的判断。比如辩论赛的正题和反题。诡辩者强行论证为"真"的论题，一般都表现为虚假判断，我们将它称作"并不成立的虚假论题"，如本例中的"无一无二"，就是不顾事实的虚假判断。

论据是用来确定论题的真实性或虚假性的已知为真的判断，是一个论证的根据。它所要回答的是"用什么来证明或反驳"，即"用什么来说明"。论据一般也有两类：一类是已经确认为真的事实情况，一类是科学的定义、公理、定理。

论证方式是论题与论据之间的联系方式，它所要回答的是"怎样用论据来论证论题"，即"怎样说明"。一个完整的论证，必须要有论题和论据之间的逻辑联系，这样才能以真实的论据，逻辑地确定论题的真或假。又由于，在一个论证过程中，论题和论据之间的联系总是借助于一定的推理方式来实现。所以，所谓的论证方式，就是论证中使用的推理方式。

既然一个论证过程必然由论题、论据、论证方式组成，那么，一个正确的论证也必须要遵守有关论题、论据、论证方式的规则。

关于论题的规则，一是论题必须明确。如果论题不明确，就无法找到适当的论据与正确的论证方式对它进行论证，别人也不知道你要说什么。违反这条规则，就要犯"论题不明"的逻辑错误。二是论题必须保持同一。这是强调在一个论证中，必须围绕同一个论题展开论证。违反这条规则，就要犯“偷换论题”或“混淆论题”的逻辑错误。

关于论据的规则，一是论据必须真实。如果论据虚假，论题的真实性或虚假性将无从证明。违反这条规则，就要犯“虚假理由”的逻辑错误。二是论据的真实性不能依靠论题来证明。这是因为，一个论题的真实性是由论据推出来的。论据本身的真实性应当是确定无疑的。如果论据的真实性还要反过来依靠论题来论证，那么就扯来扯去，谁也说不清了。违反这条规则，就要犯“循环论证”的逻辑错误。

关于论证方式的规则，论证必须遵守各种推理形式的逻辑规则。如果论题与论据之间没有一定的逻辑联系，它们各自仍然是散在地上的一堆石头，构不成一个完整的论证链。违反这条规则，就要犯“推不出”的逻辑错误。

又按逻辑推理的要求，前提真实和形式正确是一个正确推理的两个必要条件。因此，作为其真实性或虚假性需要确定的判断（论题），如果它是真实的，它总会通过真实的论据和正确的论证方式得到证明；但是，如果一个论题是虚假的，却想通过证明的方法“论证”出它是“真的”，就只能借助于虚假的论据或违反思维形式、思维规律要求的诡辩方法来强词夺理了。因为，一般而言，虚假的论题总是与虚假的论据或错误的论证方式形影不离。

在“无一无二”的证明中，其一，诡辩者的论据——“如果说两只脚是真的，就不应有一只脚；如果说有一只脚，那明明有两只脚就不是真的了”，就是无视“已经确认为真的事实情况”的虚假论据。其二，在其论证方式上，“如果说两只脚是真的，就不应有一只脚”的证明，只能得出“无二”的结论；“如果说有一只脚，那明明有两只脚就不是真的”的说明，只能得出“无一”的结论。这两个结论实际上是相互对立的一对反对判断，如果把这两个结论合为“无一无二”的总结论，就是在肯定一个思想的同时又否定这个思想的自相矛盾了。而这也恰好违反了前述思维规律中矛盾律的逻辑要求：“在同一思维过程中，任何一个思想及其否定不可能都是真的，其中必有一个是假的。”

对付这些诡辩，我们也只能以列宁所说的“不仅是‘胜于雄辩的东西’，而且是证据确凿的东西”的事实来直接指出它不符合事实，是个假判断。这也就是在“无一无二”的笑话中，当石动筒看他还在诡辩，就又紧紧地逼问道：“弟子听说，一个天上不会有两个日头，一个国家不能有两个皇帝，你还能说‘无一’吗？卜有乾坤，天有日月，皇后配天子，这就是二人，你还能说‘无二’吗？”在事实面前，大德法师只能嘿嘿一笑，不好再说什么了。

在现实生活中，这种歪曲事实的诡辩也是屡见不鲜的。

在一次男子体操单杠比赛中，一位运动员比赛结束后，现场四个裁判共同打出了 9.800 的分数。但裁判长在打分的电脑前一阵“忙活”，屏幕上显示的最后得分竟然成了 9.775 分。原来裁判长将其中一位裁判打的分数私自改成 9.750 分。

按单杠比赛的基本裁判规则，只有裁判打分的分数差别超过规定范围（正负 0.1）时才可以由裁判长改变分数。既然四个裁判打的分数都一样，就没有理由改变分数，所以这个裁判长改变分数的判断没有任何根据。看到此情况的体操裁判委员会主席立即对这种肆意歪曲事实的行为进行了痛斥，并怒摔红牌。那位裁判长也自觉理亏，当即又把分数改回到 9.800 分。

假痴不癫
——模糊概念的诡辩

所谓假痴不癫，是指假装痴呆，以掩饰自己真实的思想和行为。在诡辩手法中，假痴不癫指故意模糊概念的确定性。

有个已经形成某种格式化的古代诡辩故事：

有个人到一家新开张的布店里要买两匹布，挑好之后问多少钱。店主说："开张大喜，今天只收半价。"于是这个人还给店主一匹布，拿起另外一匹布便走。店主急忙说："先生还没付钱呢。"这个人却说："不是已经给你了吗？"店主莫名其妙地说："没有啊。"此人大怒："真是个奸商，我买你两匹布，你说只收半价。我已经把一匹布折合一半的价钱给你了，你怎么还要钱？"

在"两匹布的半价等于一匹布"的诡辩中，"两匹布的半价等于一匹布"似乎很"有理"。其实，这是诡辩者故意用模糊的概念混淆了视听。

"布匹"和"布价"是两个不同的概念，一匹布是两匹布的一半，但却不是两匹布的布价的一半。但这个诡辩者却将半价、全价问题搅和在同一个言语活动中，故意模糊了这两个概念的区别，就使得人们虽总感到"这件事有问题"，却又一时说不出问题出在哪儿。这时不妨换算一下：假定两匹布值20块钱，一匹布值10块钱。如果是半价，那么两匹布就只值10块钱，一匹布也只值5块钱。而5块钱是不能抵消两匹布的半价10块钱的。亦即，如果这个诡辩者的论证成立，岂不是要闹半价卖出全价退货的笑话了？

所谓模糊概念，指在同一思维过程中，由于认识不清，无意识地、不自觉地把本应具有确定含义的某一概念搞得不知所云。而上述这个笑话之所以是诡辩，就是因为诡辩者装疯卖傻地故意模糊了概念。

概念是反映对象本质属性的思维形式，它是思维的最小单位，是构成判断和推理的细胞。任何一个概念，作为对客观事物的认识成果，都有质和量的两个方面，概念的“质”是指概念的内涵，它是反映到概念中的对象的本质属性（通俗地讲：这个概念的含义是什么）；概念的“量”是指概念的外延，它是概念所反映的对象的总和（通俗地讲：这个概念所指的对象有哪些）。虽然概念是一定时期内生产力和科学技术发展水平的认识成果，但随着实践的发展和人们认识水平的提高，人们可以通过认识某一事物的另一方面的或者是更多的本质属性，形成不同的概念（如原子、中子、粒子等），或者将某一概念的外延扩大或缩小。因此，概念的内涵与外延有其确定性和灵活性。

其确定性是指，不管人们在什么时候、以什么角度来认识概念，在一定的条件下（确定的时间、确定的空间内），概念的内涵和外延都是确定的，都确有所指。这样，概念之间才能相互区别，人们的思想交流才能有所确定。概念的确定性决定了概念不能模糊、不能随便替换，也不能任意相互混淆。

其灵活性是指，虽然概念是对象本质属性的反映，是人们的认识形式。但是，客观事物是发展变化的，人们的认识也是不断深化的，因此，概念的内涵和外延也会相应发生变化。这就是概念的灵活性。

尽管概念有其灵活性，但是，在一个确定的言语活动中，亦即在同一思维过程中，概念必须保持它确定的内涵和外延，不能任意变换。这是正确思维和正常人际沟通时的重要条件之一。可以说，思维要确定的首要表现，就是概念的确定性。如果不如此，我们在人际沟通中，就会从一开始就陷入不知所指的思维混乱中，沟通交际也就不可能了。

例如，当前世界上许多国家，为了消除在恐怖主义问题上的双重标准，就在强调反对一切形式恐怖主义的同时，主张应明确恐怖主义的定义。而这正是概念确定性的要求，对于当今世界同心协力打击恐怖主义是极为重要的。

又如，据某节目曝光，某大学体育学院康复专业的毕业证，在国内不被承认。但学校有关领导却辩解说："这个毕业证在英联邦国家得到承认。"这就模糊了概念内涵与外延的确定性和灵活性的关系。在中国大学培养的中国学生，对其所颁发的毕业证，首先必须考虑的是它在中国是否有意义。

又如，本书第二部分中"真诚与强辩的区别"一节中所述"华东五市游"的诡辩中，诡辩者也是故意模糊了"市区"与"郊区"的区别，将"郊区的三星级饭店"等同于"三星级饭店"，从而使打算夜晚在"市区的三星级饭店"附近购物的旅游者只能在"郊区的三星级饭店"里遥望星空。

又如，我们在第一部分"明明白白的糊涂"一节中所举的"买一送一"。其实，"买一送一"中的第二个"一"，其所指涉的有两种情况：一是买一件某商品，送一件同样的商品；二是买一件某商品，送一件价格低许多的商品。许多消费者的第一感觉是第一种情况，马上"恨不能……"而商家也正是利用这种"模糊"，诱导了消费者的第一种感觉，自己则是在做第二种解释。另外，即使是第二种情况，商家也往往将两件的价格算到了第一件上，所“送”的第二件商品，仍然是顾客自己花钱买的。如今的许多霸王条款一般都是这样来的。

对于这类诡辩，我们一定要追问：“你使用的这个概念究竟是什么意思？”这样，才能破斥诡辩者故意模糊概念的诡辩伎俩。

浑水摸鱼
——混淆概念的诡辩

浑水摸鱼，是指在浑浊的水中摸鱼。比喻趁混乱时机捞取好处。用在诡辩手法上，则是恶意混淆概念，从而达到诡辩者自己的某种目的。

我们曾举过古希腊诡辩家欧布里德的“你头上有角”的诡辩：

你没有失去的东西，就还在你那里；你没有失去角，所以，你就是有角的人。

这就是混淆概念的诡辩。

所谓混淆概念，是指在同一个思维过程中，把有某些联系或有某些表面相似之处的不同概念，当作相同的概念来使用；或者是把同一个概念在不同的含义下使用。在上述这个诡辩中，“你没有失去的东西”虽然在字面上相同，但其所表达的实质含义却不同，它既可以指“原来有这种东西”，又可以指“原来没有的东西”。原来没有的东西无所谓“失去”。但欧布里德正是利用了这种字面上的相同，花言巧语地故意混同了这些有某些联系或有某些表面相似之处的不同概念，从而陷对方于窘迫之中。

在今天，这种故意混淆概念，挖掘文字陷阱的浑水摸鱼也是时有所闻的。

某人在家具商场看中了一件家具，按约定向商家交了200元订金，而商场却在相关票据上将“订金”改为“定金”。后来这个人由于某种原因不打算购买这件家具了，便要求商场退还200元订金。但商场却以《合同法》的有关规定为由，不予退款。此时，这个人才意识到当初商场将“订金”改写为“定金”就是为了扣住这200元钱。

又有一人看中了某房地产公司正在建设中的房子，于是与该公司签订了认购书，并交付了3万元定金。但在认购书及收款收据中被该公司均写成了“订金”。后该公司因资金周转不灵而导致工程停工，房子无法交付。此人便要求该公司双倍返还定金，而该公司认为3万元是订金，不能适用定金规则，仅同意原数返还。于是这个人将该公司告上法庭。经法院审理，认为双方将该3万元冠名为“订金”，并且认购书和收据中均无对符合定金特性的定金罚则的约定，因此不能适用于特定的定金规则。于是判决该公司返还3万元并承担该款同期银行存款利息。

据工商部门、“消协”等有关人士介绍，目前像这种商家利用人们对“定金”“订金”的差别不甚了解而将消费者诱入文字陷阱的事例并不鲜见。

从概念的确定性角度讲，“定金”与“订金”是两个表面相似但内涵完全不同的概念。“定金”是“当事人一方在合同订立之后、履行之前，在应给付数额内预先支付另一方一定数额金钱的担保形式”。作为法律规定的履行合同的一种担保形式，根据我国《担保法》第八十九条和第九十条规定，定金应以书面形式约定，从实际交付之日起生效。给付定金的一方履行约定的债务后，定金应当抵作价款或者收回，如不履行约定的债务的，无权要求返还定金；收受定金的一方不履行约定的债务的，应当双倍返还定金。而“订金”的内涵则是预付款，它不受法律的制约，消费者交付订金后，有权要求返还，若商家违约，只需退还订金而无须做出赔偿。因此，它没有“定金”的功能，一旦违约，不能适用定金规则进行处理，只能按照预付款的规则进行处理。根据我国有关法律规定，当事人交付留置金、担保金、保证金、押金等，但没有约定定金性质的，当事人主张定金权利的，法院不予支持。

随着人们相互之间经济活动的大量增加，“定金”与“订金”的概念正日益走进老百姓生活中。但上述那些故意把有某些联系或有某些表面相似之处的不同概念混同，根据自己的利益需要，随意改变的行径，不是浑水摸鱼的诡辩又是什么？对于这类诡辩，我们唯有在明确了各种概念确定的内涵之后，才不至于落入这种文字陷阱。例如，在物品的交易中，交付定金前，应当谈好预售合同的主要内容，并取得预售方的书面承诺，否则将来因合同规定发生冲突，不能实现交易行为时，会给预售方留下没收定金的口实。如果上述条件不能达成一致，可与预售方协商将《认购书》的定金改为订金，在将来不能实现交易行为时，订金是可以退还的。

语言是沟通交际的工具，有它的严肃性。体现在概念上，就是它的确定性。无论什么借口，都不能破坏这种严肃性。而如今，许多商家做广告，往往故意使用错别字或利用谐音胡改成语，这一现象在媒体中也不鲜见。对于这些美其名曰的“创新”，《广播电视广告播放管理暂行办法》中就规定，广播电视广告应使用规范的语言文字，不允许在广播电视广告中故意使用错别字、用谐音乱改成语。这就以法律、法规的形式保证了广告语言的规范性、纯洁性和严肃性。

瞒天过海
——偷换概念的诡辩

瞒天过海是三十六计中的一种示假隐真的疑兵之法，用在诡辩手法上，它则是一种偷换概念的诡辩伎俩。

据《吕氏春秋·离谓》载，齐国有个侍奉人的人，所侍奉的人遇难，他却不去殉死。这个人在路上遇到熟人，熟人说："你果真不殉死吗？"这个人回答说："是的。凡是侍奉人，都是为了谋利。殉死不利，所以不殉死。"熟人说："你这样还可以见人吗？"这个人振振有词地回答说："你以为殉死以后倒可以见人吗？"这就是偷换概念的诡辩。

所谓偷换概念，是指在同一思维过程中，故意用一个概念代替另一不同的概念，从而制造概念混乱。它是违反同一律要求的一种逻辑错误。这种逻辑错误之所以是诡辩，就在于它是"故意"的。

如在上述故事中，"见人"的词语虽然在字面上相同，但其所表达的实质含义却不同。旁人说的"见人"指的是伦理意义的"见人"（无颜见人），而这个人所说的"见人"是生理意义的"见人"（看见人）。诡辩者正是利用了这种字面上的相同，装疯卖傻地故意将一个概念偷换为另一个概念，从而为自己的行为辩护。

从谈说论辩的伦理原则上讲，“把显然愚蠢的思想硬加到论敌身上，然后加以驳斥。这是不大聪明的人使用的方法”。[1]

如我们曾经讲过的现实生活中的事例：

甲：“你们通宵达旦、吵吵嚷嚷地打麻将，影响别人休息。”

乙：“影响别人，又不影响你。”

在这个诡辩中，“影响别人”这一概念包括了甲本人在内，而乙所说的“影响别人”这一概念把甲排除在外。因此，乙在这里偷换了概念，违反了同一律的逻辑要求。

在“8万双鞋”的诡辩中，诡辩者用“双”的“两个”含义，偷换了“双”的“成对”含义，并以此来蒙骗不懂汉语言文字的外国人。

在“×日双飞游”的诡辩中，“一天”的概念指从凌晨0时至午夜12时。但诡辩者故意模糊了这个具有明确含义的概念，并将其偷换为只限定在深夜或凌晨的几个小时内。

我们曾经举过的例子：“2/4等于1/2？”“对！”“2/4分母是4？”“对！”“那么1/2分母是4？”“啊？”

在这个诡辩中，“2/4等于1/2”所表明的是数量之间的关系，而“2/4分母是4”则是单纯指某个数字。将某种关系偷换成某个数字，也是瞒天过海的偷换概念。

对于现实生活中这类偷换概念的诡辩，我们务必要在购买东西或签订合同时，要求对方明确关键概念的确切含义，堵塞其偷换概念的任何可能性。

---

[1] 《列宁选集》第3卷，第673页。对于这种故意偷换概念，歪曲对方思想的“言意相离”的诡辩，古人也早有评价：言辞是表达思想的，说的话与意思相违背，则是凶险的。（参见《吕氏春秋·离谓》）。

随心所欲
——肆意曲解的诡辩

所谓曲解，就是听话者对说话者所说的话做故意歪曲原意的解释。其中包括曲解概念和曲解判断。

在故意歪曲原意的曲解中，如果是善意的曲解，则有幽默的意味。

如隋代《启颜录》中有一则笑话：一次，皇帝直称赞《文选》中郭璞的《游仙诗》写得好，石动筒听了说："如果让我来写，肯定胜过他一倍。"皇帝听了很不高兴，就令他也写一首，看看如何"胜过一倍"。石动筒说："郭璞的《游仙诗》里有两句写：'青溪千余仞，中有一道士。'我做两句：'青溪二千仞，中有二道士。'这难道还不胜过他一倍？"

在这里，"胜过一倍"的"一倍"，同"胜过一筹"的"一筹"一样，其实是个不可计算的虚数。但石动筒却将其曲解为可计算的实数。这种对概念的曲解就包含有幽默的意味，难怪皇帝听了他这两句"胜过一倍"的诗句后，要"哈哈大笑"了。

善意的曲解有时也含有调侃的意味，如有一则活学活用的现代小幽默故事。

美国一所法律学校进行《刑法》考试。第一个问题是：“什么叫诈骗罪？”一个学生回答说：“如果你不让我考试及格则犯诈骗罪。”老师奇怪地问：“怎么解释？”这个学生说：“根据《刑法》，凡是利用他人的无知而使其蒙受损失的人则犯诈骗罪。”

如果是无所顾忌地肆意曲解，则就是典型的诡辩了。如《韩非子·说林上》中记载有一则肆意曲解概念的寓言故事：

有献不死之药于荆王（楚王）者，谒者（主管通报传达的官吏）操（手拿着）之以入。中射之士（为宫中办事的官吏）问曰：“可食乎？”曰：“可。”因夺而食之。

王大怒，使人杀中射之士。中射之士使人说（劝说，辩解）王曰：“臣问谒者曰可食，臣故食之，是臣无罪，而罪在谒者也；且客献不死之药，臣食之而王杀臣，是死药也，是客欺（欺骗）王也。夫杀无罪之臣，而明（证明）人之欺王也，不如释臣。”王乃不杀。

在这则寓言说理故事中，按中射之士的聪明，他对谒者所说的“可食”之意，应该是非常清楚的，就是“可以食用的东西”。但中射之士获罪后所进行的辩解却肆意曲解了这个概念，把“可食”解释为“自己可以食用”，并以此推诿自己的罪责：“是臣无罪，而罪在谒者也。”其肆意曲解概念的诡辩目的昭然若揭。

《吕氏春秋·淫辞》也记载有一则肆意曲解判断的寓言故事：

庄伯令其父视日，曰“在天”；视其奚如，曰“正圆”；视其时，曰“当今”。令谒者驾，曰“无马”。令涓人取冠，“进上”。问“马齿”，圉人曰：“齿十二与牙三十。”

庄伯叫其父亲“看看太阳”的本意是通过太阳现在的位置，看看现在是什么时候了，这无疑隐含了判断一下时间的早晚。但其父亲却故意曲解了庄伯问话的原意，戏谑地说“太阳在天上”。庄伯只好又补充问“看看太阳怎么样了”（位置在哪里），这仍然隐含了判断一下时间的早晚。其父亲仍然曲解问话的原意：“太阳正圆着呢。”庄伯只好把原来问话的隐含直截了当地说了出来：“看看现在是什么时候了。”但其父亲再次不改初衷地曲解问话的原意：“正好是现在这个时候。”

同样，庄伯让掌管传达命令的人说“套马车”，其话语无疑也隐含了让他通知负责驾车的人套马车的意思。而掌管传达的人也是故意曲解原意，将其解释为“让我套马车”，因此才有了“我没有马呀”的诡辩。庄伯从外面回来后，让掌管打扫的人“取帽子”，意思是让他把自己头上的帽子取下来。但侍从却故意装糊涂地又取了一顶帽子呈上来。另外，由于马的牙齿随年龄而添换，所以当庄伯问养马人“马齿多少”时，隐含有“马的年龄是多少”的意思。但养马人却故意歪曲地将其解释为“问马有多少颗牙齿”，因此才有了“十二颗门牙，加上槽牙共三十颗”的荒唐回答。

他们的这种一而再，再而三地利用了语言的歧义性、灵活性来曲解庄伯的问话的行为，说好听点是耍贫嘴取乐，说难听点，就是肆意曲解地在诡辩。

这类曲解，涉及对一句话语是否有隐含，以及如果有则应该如何理解隐含的问题。

所谓隐含是指，当人们说出某句话时，这一话语所传达的含义可以分为两部分。一部分是话语的言说内容，一部分是话语内含的、需要意会的内容。

这种需要意会的话语内容就是隐含。简单点说，就是“话里有话”。

隐含是人们在沟通交际中实际存在的语言现象。在具有隐含现象的话语中，有的是“意有所随，意之所随者，不可以言传也”（《庄子·天运》）的“只可意会，不可言传”的隐含；有的则是用心揣摩后，可以用语言具体表达出来的隐含。但并非所有的沟通话语都包含有隐含，否则人们的沟通交际就统统变成“话里有话”的打哑谜了。

按此语言现象分析，“可食”这一概念，只简简单单地表达了“可以食用”的意思，并没有隐含什么“谁可以食用”的意思。但中射之士却偏偏意会出“我可以食用”的意思。这当然是一种肆意曲解。

而在庄伯的沟通交际中，他所说的话语中，除了“视其时”直截了当地表达了“看看现在是什么时候了”的意思外，其他的话语就都包含有隐含了。可这时的听话者却又偏偏装聋作哑，“听不出”庄伯所说话语的隐含来。因此，他们的肆意曲解，不是在耍贫嘴，就是在诡辩。

对于听话者来讲，曲解的程度可以说是很高的。但对于说话者来讲，其沟通交际效果的等级却趋近于零。因此，曲解是人际沟通中的一个大忌。如果是肆意曲解，其影响就不仅仅是人际沟通的无法进行，还牵涉说话者对听话者的看法了。如我们曾所举过的曲解例：

“工作的时候不准吸烟。”

“所以我吸烟的时候不工作。”

在今后的工作中，那位领导能对这个青年工人有好感吗？这种曲解下，这位青年付出了无法估量的道德成本。

因此，对于这种肆意曲解的诡辩，《吕氏春秋·离谓》两千多年前即言之肯綮地评析道，言辞是思想的外在表现，欣赏外在表现却抛弃思想，这是糊涂的。所以古人懂得了人的思想就不听他的言语了，听别人的讲话要通过其言语观察其思想；听别人的话却不了解他的思想，那样的言语就与乖戾之言没有什么区别了。《吕氏春秋·淫辞》篇也一语中的地指出，言辞是表达思想的，言行互相背离（相诡），没有比这更不吉祥的了。

从这个意义上说，“瞒天过海”一节中所举的那个“见人”的诡辩，就既是瞒天过海地故意混淆概念，同时又是故意歪曲原意地肆意曲解了。

清浊不分
——模糊语境的诡辩

汉代王充所著《论衡·书虚》曾说：

> 传书言：“齐桓公负妇人而朝诸侯。”此言桓公之淫乱无礼甚也……云负妇人于背，虚矣！桓公朝诸侯之时，或南面坐，妇人立于后也。世俗传云，则曰“负妇人于背”矣。此则“夔一足”“宋丁公凿井得一人”之语也。

本来，“齐桓公负妇人而朝诸侯”是说“齐桓公上朝时背朝着妇人”，“夔一足”是说“唐虞时，善调音乐的夔有一个就足够了”，“宋丁公凿井得一人”说“宋丁公挖井（这件事情的结果是）节省（等于得到）了一个劳动力”。但在传言中却变成了“齐桓公背着妇人上朝”，“善调音乐的夔只有一只脚”，“宋丁公挖井挖出一个人来”。之所以会出现这种以讹传讹的词语歧义，是由于古汉语中经常使用具有多义的单字所造成的。而这也涉及言语行为过程中的语境问题。

如前所述，人们在沟通交际、谈说论辩的过程中，表达思想感情，传达自己的主张，需要一定的语言环境，这种语言环境包括说话者、听话者、说话的时间、说话的地点，以及沟通、交际、谈说论辩双方共同具有的知识等因素。我们将这种语言环境称之为“语境”。而所谓的语词歧义是指，一个多义词在使用时不能表明它所表达的是哪一种含义，因而使人对其含义可以做多种意义解释的语言现象。比如上述的这些话，“负”既可以解释为“背朝着”，又可以解释为“背着”；“足”既可以解释为“足够”，又可以解释为“脚”；“人”既可以解释为一般意义上的“人”，又可以解释为“劳动力”。

但是，一个多义词在确定的语境中究竟表达的是哪一种含义，应该是确定的，这是思维规律中同一律对概念所提出的逻辑要求：任何一个概念都有其确定的内涵和外延，在同一思维过程中，它反映什么对象就只能反映什么对象。

虽然一个多义词可以表达不止一个含义，但是在大多数情况下，通过语境，仍然可以限定并知晓它所表达的是哪一种含义。沟通交际的双方完全可以从确定的语境中理解所使用词汇的含义。如上述的“负妇人”“夔一足”“凿井得一人”，完全可以从确定的语境中了解它们的含义。相互替换含义就会造成模糊语境的逻辑错误。

在现实的沟通交际中，语境有时会影响沟通交际的方向。

明朝永乐二十二年的状元考试，殿试选定孙日恭为状元，邢宽为榜眼。但张榜公布时，状元却换成了邢宽。什么原因？原来负责给皇帝抄写小金榜的官员把孙日恭的“日恭”写得太靠近了。由于过去书写是竖写，“日恭”两字写得太靠近了，就像个“暴”字。由于永乐皇帝朱棣的皇位是从他的侄儿那里用暴力抢来的，为此还打了几年仗。所以他最忌讳、反感这个“暴”字。相反他对“邢宽”这个名字却很感兴趣，认为这个名字含有“刑政宽和”的意思。于是孙日恭为名字而丢了状元，而邢宽却因名字而成为钦定的状元。

而在清朝末年的一次殿试中，排在首位的叫朱汝珍。但因为慈禧太后害过珍妃，所以她对“珍”字非常敏感；又由于朱汝珍是广东人，而慈禧太后最恨的康有为也是广东人，所以她就把朱汝珍从第一名划掉，而补上了排在后面的刘春霖。因为慈禧太后认为刘春霖的名字很吉祥，“春霖”有“霖雨苍生”之意，而当年正值大旱，急需雨水。于是慈禧太后朱笔一挥，刘春霖就因为名字成了新科状元。

这虽然有些笑话，但利用词语歧义的这一现象，故意模糊其在特定语境中的确切含义，就是模糊语境的诡辩了。

某人年初向另一人借钱 1.6 万元，年中还了 1 万元，另一人向其出具了“某今还欠款 1 万元整”的纸条，一式两份。虽然纸条上签有两人的名字，但没有写明是收据，落款也没有写明“收款人某”。当这个人后来再还所欠余款时，另一个人说应还 1 万元，并拿出当初的纸条为证：“某今还（hái）欠款 1 万元整”。

按常理，还钱时所出具的只能是“收到还（huán）款多少”的收据，不可能出具“还（hái）欠款多少”的收据。这是还钱时的特定语境所决定的。但由于上例中的纸条有一个并非多余的“欠”字，就给诡辩者利用“还”的语音歧义来模糊语境造成口实。

对付这类的诡辩，我们只能还原其特定的语境，并在特定的语境中解释某一概念的确切含义。

另外，某些概念的定义有时还具有特定范围内的约定俗成性，如果撇开这种特定的范围，有时也会被故意模糊语境的诡辩者钻了空子。

如果故意无视这种约定俗成，故意撇开特定的范围，人际沟通的理据性原则和通用性原则就会被破坏，就会被故意模糊语境的诡辩者钻了空子。

报载，某镇政府将其所有的一幢二层楼的公房经过招标拍卖，以3万元的价格卖给某人。五年后，这幢楼房拆迁，这个人领取了十几万元的移民搬迁补偿费。镇政府却以当年拍卖的不是整幢楼房，只是底层的四间房为由，将这个人告上法庭，要求他返还10万元的“不当得利”。后经过法院调查，其一，当初招标拍卖、签订的合同都是整幢楼房。其二，当地房屋买卖有一个特殊的交易习惯，即在买卖整幢楼房时，习惯以底楼的房间数作为买卖登记的房间数。亦即买卖的是一幢楼，当地习惯只看底楼有几间。后来，法院判决镇政府败诉，这个人的所得不属于“不当得利”。

在法院的判决中，就还原了特定概念的特定语境，从而破斥了诡辩。

总之，任何正确、有效的沟通交际，它所使用的概念都应当自始至终地保持确定的同一性。只有这样，我们才能正本清源，澄清被搅浑的水，从而破斥各种故意违反有关概念各项规则的诡辩。

故弄玄虚
——模糊判断的诡辩（一）

“故弄玄虚”是指，故意玩弄花招，迷惑欺骗别人。用在诡辩手法上，就是故意使所下判断扑朔迷离，似乎隐含着对你有利的东西。如有则古代故事：

三个读书人赴京赶考，请一个算命先生算卦，看此次结果如何。结果算命先生没说话，只伸出一根手指。三人不解其意，想继续讨教，算命先生摇摇头：“天机不可泄露。”三人悻悻走后，算命先生的徒弟问“天机如何”？他说：“如果将来考中一个，一根手指就表示考中一个；如果考中两个，一根手指就表示有一个考不中；如果考中三个，一根手指就表示一齐考中；如果一个也没考中，一根手指就表示一齐落榜了。”

这个模糊的诡辩，使算命先生无论怎样都左右逢源。但他的这种故弄玄虚，就是故意使所下判断扑朔迷离，而实际上却是不下明确的判断。

判断是对事物情况有所断定的思维形式，它承上启下的既是概念的展开，又是推理的组成部分。判断具有两个基本性质，一是有所断定，二是有真假。

作为判断的第一个性质，同一律对判断提出了自己的逻辑要求：任何一个判断都有其确定的断定内容，在同一思维过程中，它肯定什么就肯定什么，否定什么就否定什么。

作为判断的第二个性质，既然判断是对事物情况的断定，它就应该如实地反映事物的本来面目，以事物本身的性质、状况为转移。如实反映事物的判断是真实的判断，而虚假反映事物的判断就是虚假的判断。至于判断的真假，是由实践来检验的。

但是，由于诡辩者所提出的判断大都是虚假判断，因此，为了不使自己的虚假判断被别人轻易揭穿，且故弄玄虚有很大的迷惑人之处，诡辩者有时就要玩弄故弄玄虚的花招，故意使自己的虚假判断变得高深莫测，让对方不便细究，或用不着细究，从而使人不明底蕴地、首尾一贯地陷入迷雾。

在某出国留学的中介公司里，接待人员对来咨询的人开口就是："你是想到FH读书吗？或者读双语的Master？还是念Diplom？"再用一些带特殊用语的词句云山雾罩地把你"惊呆"之后，你就只能听任他们的摆布了。

又如，某君曾在某边境城市被一小贩拉至一偏僻处，小贩神神秘秘地拿出一件皮衣，然后又鬼鬼祟祟地告之这是走私来的水货，因此非常便宜，只卖480元。当他按照"拦腰砍一半"的原则，开口"240元"的时候，简直要把小贩逼疯了。几番讨价还价，当小贩"含泪"准备以300元出手时，为他们开车的本地司机恰好来到这里，他看了看这件皮衣，便斩钉截铁地说道："60元！"原来那只是一件仿真皮的本地产的衣服。

"故弄玄虚"的诡辩之所以能够屡屡得手，是利用了人们在仰慕心理、好奇心理甚至是猎奇心理的驱动下，对一些事物常常不急于细究的心态。浮躁的环境也是“故弄玄虚”的市场。

其实，对付这种故弄玄虚的方法很简单：有话好好说，把话说清楚。

含糊其词
——模糊判断的诡辩（二）

“含糊其词”是指，话说不清楚，判断不明确。用在诡辩手法上，也是指故意模糊判断的含义。如有一则古代故事：

有个媒人给一对男女说媒。她对那个女的说：“这个男人过日子真是一把好手。”那个女的听了很高兴，同意相亲。媒人又对那个男的说：“这个女的什么都好，就是有点嘴不严。”那个男的听了以后想，好翻点闲话也不是什么大毛病，也同意相亲。当他们在媒人的安排下相亲见面时，只是远远地互相望了几眼。只见那个男的倒背一只手，气宇轩昂；那个女的拿手帕捂着嘴，显得有点羞羞答答。俩人都很满意。然而等到入洞房的时候，这个男的才发现那位“羞羞答答”原来是个豁唇（俗称兔嘴）；而那个女的也发现这位“气宇轩昂”的一只手有残疾。两人都十分气愤，都去找媒人要个说法。媒人却理直气壮地回答说：“我早就清楚告诉你们了，一个是‘一把好手’，一个是‘有点嘴不严’，并且你们也经过相亲同意了，怎么现在找起我的麻烦了？”

的确，媒人并没有胡说。但是，她在介绍各自的情况时，却利用了语言的模糊性，使得所下判断丧失了确定的内容。

语言是用词语组成的，但是语词还有其模糊性，如一词多义等。因此，作为判断的语句与判断本身并非一一对应。有时同一个判断可以用不同的语句表达，例如，“屡战屡败”与“屡败屡战”所表达的含义一样，但所表达的情态却不一样。有时同一个语句由于断句的不同，会有不同的含义，如旧时算命先生说的“父母双双不能磕伤一个”，就是一个利用不同的断句解释不同情况的故意玩弄一句多释的诡辩。有时同一个语句在不同的语境中可以有不同的含义，如“一把好手”和“有点嘴不严”就是如此。在评价一个人的能力的语境中，“一把好手”可以解释为“精于某种技艺的人”“能力很强的人”；而在介绍一个人一只手有残疾时，也可以含蓄地说他“一把好手”。同样，在评价一个人好翻闲话时，我们可以形象地说他“有点嘴不严”，而在说一个人为豁唇时，也可以含蓄地说他“有点嘴不严”。

但是，上述故事中的那位明知各自缺陷却又花言巧语的媒人，却偏偏利用了这种语词歧义，把不同语境中的不同解释，故意含含糊糊地搅在了一起。因此，在同一个思维过程中，这些语词相同的判断实际上表达了不同的含义。但由于这两人当初从心理上认定了解释这些语词的语境，故而没有细究，所以当媒人提出她当初的解释是另一种语境下的解释时，他们也只好哑口无言了。

按我们前述对语境问题的介绍，一个多义词究竟表达什么确切的含义，是可以通过具体的语境来明确的。因此，语境具有消除语词歧义的功能。用在消除含糊其词的诡辩上，方法也很简单：多问几句话，确定是在什么样的语境下解释所要清晰了解的词语，又如何以此形成确定的判断。

当然，在不同的场合中，有时含糊其词是必要的，它能反映出人们对客观事物的认识程度。如有则古代故事：

王安石的儿子王元泽才数岁时，有客人在一只笼子里装了一只獐和一只鹿来问他："何者是獐，何者为鹿？"王元泽根本不认识哪一个是獐，哪一个是鹿。他琢磨了半天才说道："獐边是鹿，鹿边是獐。"客大奇之。

这表明，模糊语言的存在有时具有一定的合理性。

又如明代王世贞所编撰的《调谑编》中记载有：

（苏东）坡公在维阳，一日设客，十余人皆名士。米元章（米芾）亦在座。酒半，元章忽起自赞曰："世人皆以芾为癫（轻狂、轻薄），愿质之子瞻（苏轼）。"公笑曰："吾从众。"

这种回避"是"与"不是"的模糊回答，也是一种含糊其词。

排中律要求：在是非面前，对问题要做出明确的回答。遵守排中律的要求，就是为了消除人们认识中的不确定性。苏东坡的这种含糊其词，似乎没有确定肯定与确定否定的表态，但联系整个场景，这种含糊其词却隐含了明确的肯定态度。这也是妙用模糊语言的一个实例。

在现实生活中，语言模糊的现象有许多。例如，在药品说明书中常有这样的提示："孕妇慎服""儿童酌减"。怎么个"慎服"？"酌减"多少？实际上是含糊不清的。如果一旦由此产生不测，该怎样同厂家或商家理论？这些都是非常实际的问题。如果在现实生活中，为某种不可告人的目的而恶意模糊，则就有可能是诡辩了。

例如，现在的楼盘广告可谓是铺天盖地，然而，在这一片造势声中，许多楼盘广告却用美丽的辞藻制造着模糊："邻近××""距离××一步之遥""距离××10分钟路程"。但是当你亲自去体验时，才悟出"邻近"

一词原来有如此大的伸缩性；而所谓的“一步之遥”也是“望山跑死马”；至于“10 分钟路程”，倒是具体了些，但恐怕得是方程式赛车的速度。

类似这些本应该明确表达的却在含糊其词，恐怕就不是在妙用模糊语言，而是有意为之了。难怪人们认为有些房地产广告，“虚火”太旺，价格不真，位置不准，内容不实，承诺不清。于是有了诸多“房地产广告虚假泛滥”的愤慨。建设部发布的《商品房销售管理办法》就对这类含糊其词的虚假商品房广告亮起了“红灯”，规定其广告应符合有关规定，内容必须真实、合法、科学、准确。

不过，尽管如此，当我们面对这些“含糊其词”时，我们也应保持清醒的头脑，不被它“美丽的模糊”而“兴奋不已地迷糊”了。

闪烁其词
——模糊判断的诡辩（三）

“闪烁其词”是指，说话吞吞吐吐，躲躲闪闪，不肯下明确的判断。

《孟子·梁惠王下》中记载有一则故事：

孟子谓齐宣王曰：“王之臣，有托其妻子于其友而之（到）楚游者。比（及，到）其反（同返）也，则冻馁（饿）其妻子，则如之何？”王曰：“弃（绝交）之。”（孟子）曰：“士师（司法官吏）不能治士（基层小吏），则如之何？”王曰：“已（罢免）之。”（孟子）曰：“四境之内不治，则如之何？”王顾左右而言他。

在这个比喻式类推中，孟子采用了类推诱问的论辩技巧。他先从无关宏旨的小事说起，使齐宣王承认了此类道理，然后逐步紧逼，最后点出在此类事理上具有同一性的论辩的主题：要尽责尽力地爱护自己的国民，治理自己的国家，否则，就应该让位。只要齐宣王承认了前面的结论，他就无法再反悔了，就必然要承认孟子论辩主题的结论。这种由小到大、由远及近、从外至内、层层类推的方法，由隐蔽而逐渐明显，其迷惑性越大，不露痕迹地把自己的思想灌输到对方的意识中的效果就越好。难怪在这步步为营，稳扎稳打下，齐宣王陷入无言以对的困境，只好岔开话题，“顾左右而言他”了。

故意“闪烁其词”“顾左右而言他”，是以不下明确的判断来掩饰自己的窘境。它也违反了排中律的逻辑要求：在是非面前，对问题要做出明确的回答。因此，它也是诡辩的一种表现。

虽然遵守排中律的逻辑要求，就是为了消除人们认识中的不确定性，但在现实的人际沟通中，“闪烁其词”的事例还是有很多，其中有些是诡辩，有些则是不得已。如鲁迅在其所著《野草》中讲过这样一个故事：

有一个人家生了一个男孩，满月时亲友们都来祝贺。有个人说这孩子将来能当大官，得了赏；有个人说这孩子将来能发大财，也得了赏；有个人说这孩子将来是要死的，结果挨了一顿揍。

对此，鲁迅不无感慨地说：“说假话的得赏，说真话的挨打。要是遇到我，只好说：‘哎呀，哈哈，这孩子，哈哈……’”

这种回避对“是”与“不是”之间的选择，就是一种闪烁其词。虽然违反排中律的逻辑要求，但在特殊的场合，这种回答还是情有可原的。因此，合理的“闪烁其词”只能限定在特殊的场合和特殊的语言环境里。

不过，需要指出的是，在鲁迅所描述的话语中，“这孩子将来是要死的”的话语还是有些问题。

人际之间的语言沟通，是一种言语行为。而任何一种言语行为，都是如下三种行为的逻辑复合体：

语谓行为——说出一串话语。这是“说什么”这一行为本身。

语旨行为——在说出话语的同时，或者陈述一个事实，或者确认或否认某一事件，或者进行一次询问，或者发出一个指令，或者提出一个请求，或者做出一个预测，或者给予一个劝告，或者表示一个祝贺。这是在“说什么”

的同时，说话者所表达的说出这个话语的“用意”。

语效行为——说话者通过语谓行为表达自己的语旨用意之后，在听话者身上（也可能是说话者自己，如当他自问自答的时候）产生的一定的影响，出现的一定的效果。

从语言交际功能的语用学角度讲，任何一种完成了言语行为的成功的交际语言，都是有意义的语言，亦即是有具体内容的语言。因此，它们在通过言语行为以达到沟通交际的目的时，都应满足言语行为的“恰当性条件”。而言语行为的“恰当性条件”又包括：

实质性条件——语旨行为的目的是什么，即要达到的效果是什么。

真诚性条件——要求说话者具有真诚的心理状态，使自己所说的话语恰当。

预备性条件——符合交际双方的利益，相信对方能够理解、接受。因此，在语旨行为所表现出来的力量和强度上要有所区别，例如“命令”强于“建议”“请求”，“警告”强于“劝告”等。说话者与听话者的身份、地位对话语的语旨用意施加的影响方面要有所区别，这在等级社团中尤其明显。

命题内容条件——语旨用意在所说的话的内容方面要有所区别，如“陈述句”与“疑问句”不同，“警告”与“劝告”不同，“报告”与“预报”不同等。[1]

按此言语行为的意义理论，言语行为最重要的是要达到令人信服的目的，“这孩子将来是要死的”的话语，就不符合言语行为的真诚（恰当）性条件。

既然客人是为祝贺而来，就应该实施祝贺的言语行为。而依据祝贺的恰当性条件，客人所说的话语内容，虽然从未来情况上讲是真的，但以将来的

[1] 参见周礼全主编：《逻辑——正确思维和成功交际的理论》，人民出版社 1994 年版，第 393~407 页。

判断来表示现在的判断，显然不符合听话者的利益。因此，这一句并非祝贺的话语，它既不符合祝贺的预备性条件的要求，也不符合祝贺的真诚性条件的要求，同时还不符合祝贺的实质性条件的要求。因此，这是一句非常不成功的言语交际行为。如果这时祝贺者还一味强调“我说的是真话，人都要死的”，反而有了诡辩的嫌疑。

看来，人际沟通中的言语行为，不仅要符合形式逻辑的要求，也要符合语用逻辑的要求。从这一意义上讲，在确定的场合和确定的语言环境里，我们完全应该用明确的判断表达我们的思想，大可不必以“外交辞令”来闪烁其词地说“这孩子，哈哈”……

以假乱真
——虚假判断的诡辩

“以假乱真”指以仿照精巧之假去冒充真的，致使人分辨不清真假。在诡辩手法上，则是以精巧设计貌似为真的假判断来混淆视听，使人不明所以。

俗话说，“挽弓当挽强”。先秦战国时代的齐宣王就喜欢别人说自己擅长使用强弓。虽然他使用弓不过三石，但他周围的人却一味阿谀奉承，说：“此弓不下九石，非大王谁人能拉开它？”于是齐宣王至死都沾沾自喜能拉开九石强弓。

齐国还有一位黄老先生，谦虚得过了头，把自己堪称国色的两个女儿叫作丑八怪，以至于耽误了女儿的青春，过了婚龄也无人敢娶。[1]

这些都是受了虚假判断的迷惑或危害。但这还不能算是以假乱真的诡辩，充其量是假话说过了头。

下面两则也已经形成某种格式化的故事就是以假乱真的诡辩了：

有个人到饭店吃饭。他要了一碗面，当店小二端来一碗面时，这个人又说不想吃面了，要求换两个馒头。于是店小二便端回这碗面，又端来两个馒头。

[1] 参见《尹文子·名书》。

这个人吃完后，抹抹嘴便走。店小二急忙说："你还没付钱呢。"这个人"奇怪"地问："付什么钱？""馒头钱啊。""馒头是我用那碗面换的。""那碗面也没付钱啊。""我又没有吃你的面，付什么钱？"

有个人花了1000元买了一套衣服。第二天她又返回，以不称心为由要求换一套。在她换了一套价值2000元的衣服后，抬腿就走。售货员急忙追出索取1000元的差额款。这个人也是"奇怪"地问道："昨天已经给了1000元，今天又给了一套价值1000元的衣服，合起来正好2000元，你怎么还要钱？"

似乎有道理，馒头既然是换的，大概不用付钱；面又没吃，当然也用不着付钱。但店家也不能就此吃个哑巴亏，无论如何总要理论一番。可应该怎样解释呢？

"你是真糊涂还是假糊涂？"火气甚旺地责问，对问题的解决没有任何实质意义。

"少废话，还得交钱。"以粗暴的简单对"复杂的荒唐"，既没有辩驳力，也不可能有辩驳力。

"那笔账已经清了，这笔账还要单另结算。"把对方的"糊涂"顶回去，自己也不见得就"清楚"了。

怎么办？

与"假痴不癫"中诡辩者用"布匹的一半"概念混淆"布价的一半"概念不同，在这一种格式化故事中，诡辩者则是在七绕八绕中，将假判断换算为真判断了。因此，我们只能从判断的逻辑性质开始"清算"。

如前所述，判断是对对象有所断定的思维形式，它的逻辑性质一是有所断定，二是有真假。既然判断有真假，那么，判断之间的真假形式关系是可以计算的。如性质判断的真假制约关系可用“逻辑方阵图”来体现；各种复合判断的真假取决于其所包含的支判断的真假，按照各种复合判断逻辑联结项的含义，各种复合判断也存在着相互之间的换算。（参见任何一本普通逻辑教科书）

但无论判断之间怎样换算，一个被赋予假值的判断，不管它怎样七绕八绕，却永远也“绕”不出它自身的真来。否则这个逻辑系统就是矛盾的了。

于是，虽然“馒头是用面换的”，“两个馒头”等于“一碗面”。但由于“吃了两个馒头”与“吃了一碗面”一样，都等值于“吃了饭店的同等价钱的东西”，所以，“没有吃面”的真判断并不等值于“没有吃馒头”的假判断，亦即不等值于“没有吃饭店的同等价钱的东西”的假判断。

对方如承认这一点，我们就可以考虑到他的思维方式，重新计算：

“要过一碗面，又要过两个馒头，合起来两份东西的钱。面没有吃，减去一份，所以还需收你一份东西的钱。”

同样，对于买衣服的“糊涂蛋”，我们也可以如此计算：

“昨天给了你一套1000元的衣服，今天又给了你一套2000元的衣服，合起来共3000元。今天还给我们的衣服抵消了1000元，昨天已经付给我们的1000元再抵消1000元，所以我们还需再收你1000元钱。”

总之，面对此类混淆视听、以假乱真的障眼法，我们可以请循其本，再七绕八绕地“绕”回去：“你吃了饭店的东西了没有？”“你买了商店多少钱的东西，又付了多少钱？”这样，无论这个诡辩者再如何理直气壮地强词夺理，在真正的真判断之前，他也无法逃遁了。

在现实生活中，也的确存在这类为虚假判断辩护的诡辩。

报载有位持有假文凭的人被查出之后，竟然理直气壮地说：“不就是张假文凭吗？”

这种“不就是张假文凭吗”的说法，是对虚假判断“假文凭没有什么大惊小怪的”的又一种辩解。面对大街小巷到处可见的“办证”广告，这种心态恐怕早已深入人心了。“不就是张假文凭吗”无疑也是一种“别人可以，我为什么不行”的为虚假判断辩护的强词夺理了。

又据报载，某人被一家公司聘用，并颁发了聘书，聘期为三年。一年之后，此人被公司新领导解聘，此人要求按聘书留任，但新领导以“聘书不是劳动合同”拒绝。

按理，劳动合同是指劳动者与用人单位之间为确立劳动关系，明确双方权利和义务而签订的书面协议。劳动合同主要包括劳动主体、合同内容、合同期限。聘用合同是劳动合同的一种，主要规定聘用人员的职责、待遇、期限等，其中一个重要的特点就是以聘书作为表现形式。而公司颁发给某人的聘书已经基本具备了聘用合同的要件，应认定为劳动合同。因此，公司新领导的“聘书不是劳动合同”是个以假乱真的虚假判断。这个人可以以“聘书是劳动合同”的真判断来直接反驳他，也可以根据《劳动法》第七十九条规定，向劳动争议仲裁委员会申请仲裁，对仲裁不服，可以向法院提起诉讼。

无中生有
——虚假隐含的诡辩

“无中生有”本是道家语，反映的是宇宙生成问题。如老子认为：“天下万物生于有，有生于无。”（《老子·第四十章》）后指没有事实根据而凭空捏造。

诚如“随心所欲”一节中所述，在人们的谈说论辩中，有时说话者所传递的话语意思，会根据需要将其分为两部分，一部分是话语的言说内容，一部分是话语的隐含内容。这种隐含在话语中的需要我们去意会的内容，就是“隐含”。例如，当孩子对沉浸于电视机中球赛转播的父亲说“今天是星期天”时，其所隐含的言外之意就是：该出去游玩一下了；当妻子对丈夫说“商店里有件时尚的衣服”时，其话语也隐含有“希望买一件”的愿望。

隐含的意义还在于，言语沟通总是双向的。即除了说话者自己外，还有听话者。有时，由于对象、环境的不同，就不能说直白的话，而应该说一些需要意会的话了。

朱元璋做了皇帝之后，他从前的一个穷朋友来找他，说道：“不知我主记否，当年微臣随驾扫荡芦州府，打破罐州城，汤元帅在逃，拿住豆将军，红孩儿当关，多亏菜将军。”听了这些话，朱元璋心中有数地想起了他话里所隐含的一些从前的事情。于是给了他封赏。这件事传到另一个从前的穷朋友那里，他也兴冲冲地找上门来，见面就直通通地说："你还记得吧？从前你我在芦花荡里替人家看牛，有一天，我们把偷来的豆子放在瓦罐里煮。还没等煮熟，大家就抢着吃，把罐子都打破了。撒了一地豆子，汤也泼在泥地里。你只顾从地上满把抓豆子吃，不小心连红草叶子也塞进嘴里。叶子哽在喉咙口，急得你直跺脚。还是我出的主意，叫你用青菜叶子放在手上一拍吞下去，才把红草叶子带下肚去……"朱元璋没等他唠唠叨叨地说完，就连声大喊："推出去斩了！推出去斩了！"

两人相较之下，前者使话语的隐含意义滴水不漏地暗示出来，可谓是"会说话"的人了。

但是，由于这种需要去意会的隐含内容，有时会产生一些理解上的歧义，所以，为了在人际沟通中明确地提供相关的、真实可靠的最大量信息，当我们说出含有隐含内容的话语时，应遵守人际沟通中的合作原则。其中包括：

其一，真诚准则：不说你相信为假的话；不说缺乏充分根据的话。

其二，充分准则：尽可能地提供谈话目的所要求的信息；不要提供多于谈话目的所要求的信息。

其三，相关准则：所说的话语必须是和谈话目的有关的。

其四，表达准则：避免表达的模糊性；避免歧义。

其五，态度准则：所说的话语必须是有礼貌的。[1]

如果在现实生活中，恶意地使用了虚假的隐含，就会违背合作原则，无中生有地"天才创造"出虚假隐含的诡辩。

[1] 参见周礼全主编：《逻辑——正确思维和成功交际的理论》，第十三章。

还有一类“无中生有”的诡辩，是以虚无缥缈的虚假隐含误导人们做出错误的判断，当人们就此上当后，又矢口否认。

例如，为了促销，一些房地产开发商常常吹嘘自己的楼盘如何环境优美，配套设施如何完善。而我们看他们的“美哉轮焉，美哉奂焉”的小区模型或小区效果图时，无不会为此感到“怦然心动”。而当你倾己所有入住以后，当初的“风景这边独好”，如今却是“窗外风光不见了”。当你责问开发商时，才知合同里没写，不算数。不知有多少人为此“眼见为虚”的承诺付出了代价。

对于此类无中生有的诡辩，我们应该要求把话说清楚，如果需要，还应把这应该说清楚的话写下来。从而避免上任何虚假判断所具有的虚假隐含的当。一旦出现纠纷，即可以“以子之矛，攻子之盾”，用铁定的事实揭穿诡辩者当初无中生有的谎言。

需要指出的是，有一些“无中生有”是用语言一时说不清楚的。这时，就有必要进行一些“计算”了。例如：

甲乙丙三人各出 2000 元钱，由甲买一台大家共同使用的电脑。甲买了一台 5000 元的电脑，节余 1000 元。他将其中的 400 元装进自己的腰包，然后把剩下的 600 元三人分摊，大家又都分了 200 元。事后乙丙得知了这台电脑的实际价格，甲也承认自己私吞了 400 元。但是，乙丙经过计算认为：每人实际掏出的是 1800 元，合起来是 5400 元，再加上甲私吞的 400 元，总共才 5800 元。比最初的 6000 元还少 200 元。于是他们要求甲做出解释。面对这个“多私吞了 200 元”的虚假隐含，只私吞了 400 元的甲是百口莫辩。当初的 6000 元中还有 200 元哪里去了？

这类“无中生有”还不能算是严格意义的诡辩，可以把它们算作认知模糊。不过，这种认知模糊在理论上是可能存在的，因此我们有必要在此对其进行分析。

5400 元是三人集资款数，600 元是返回数，两个数字相加，正好是 6000 元。但是，在应该加上“返回的 600 元”的地方，却被加上了似是而非的数字——甲私吞的 400 元。而甲私吞的 400 元，是 5400 元中的一部分。在计算三人的集资款时，已经把这部分计算在内了。所以，“5400 元再加上甲私吞的 400 元”的算法，就等于把甲私吞的 400 元重复计算了，这才有了 5800 元这个“无中生有”的数字。而“返回的 600 元”与“甲私吞的 400 元”之间的差正好是“下落不明的 200 元”。因此，5400 元加上 400 元，实在是冤枉人的计算方法。

正确的算法是：甲乙丙三人每人各出 1800 元，共 5400 元。其中，电脑钱 5000 元，甲私吞了 400 元。账目一目了然。

节外生枝
——混淆模态判断的诡辩

有一位老师想看看一个同学的智商如何，就问他："树上有 10 只鸟，开枪打死 1 只，还剩下几只？"

学生问："是无声手枪吗？""不是。"

"枪声有多大？""80 至 100 分贝。"

"那就是说会震得耳朵疼？""是。"

"在这个城市里打鸟犯法不犯法？""不犯法。"

"能确定那只鸟真的被打中了？""确定。"老师已经不耐烦了，他几近央求地说，"你告诉我还剩几只就可以了。行不行？"

"不过我还是想再弄清楚，树上的鸟有没有聋子？""没有。"

"有没有关在笼子里的？""没有。"

"边上有没有其他的树，这些树上有没有其他的鸟？""没有。"

"有没有残疾的鸟或饿得飞不动的鸟？""没有。"

"算不算怀在肚子里的鸟？""不算。"

"打鸟的人眼睛近视不近视，他能保证一定是 10 只鸟吗？""不近视，就是 10 只。"老师已经被问得满头大汗。他甚至开始怀疑是否是自己的智商有问题。

"有没有傻到不怕死的鸟？""没有。"老师心里说，"我才傻呢。怎么问了这么一个傻问题。”

“有没有不怕枪声的？”“没有。”但老师心里说，“饶了我吧。”

“会不会一枪打死两只鸟？”“不会。”

“所有的鸟都可以自由活动吗？”“完全可以。你说到底还有几只就可以了，不然我就不再回答了。”老师已经想不起来究竟是谁在问问题了。

“好吧。”于是学生满怀信心地说，“被打死的鸟要是被挂在树上没有掉下来，那么树上就还剩 1 只；如果掉了下来，就 1 只也不剩了。”听了这最后的肯定回答，老师差点哭了出来。

“现在是什么”是实然判断，“应该是什么”或“可能是什么”是模态判断。在上述问答中，那位学生显然是将本可以不具有的“应该是什么”或“可能是什么”的问题加进来，从而节外生枝地产生出许多新的“应该”或“可能”。

节外生枝一般比喻为在问题之外又生出新的问题，现多比喻故意设置障碍，使问题难以顺利解决。

又曾见过一篇类似上述应答的小品文，大意是，有位老师以“司马光砸缸”为例，请同学们谈谈创新思维的价值与意义。但许多同学从各种不同的现代“应然”角度，轮流数落司马光的“不是”，也让老师心里直骂自己愚蠢。有此现代“应然”创造性地打败古代“实然”，大概这位老师以后只要想到司马光，恐怕是：想砸什么随便，但千万不能砸缸了。

节外生枝的表现手法，就是这样混淆了模态判断的含义。

据《战国策·齐策》载：楚国有个人举行祭祀活动，完事后赏给手下办事的人一壶酒。这些人便商量说：“这壶酒不够大家喝，一个人又喝不完。不如大家都在地上画一条蛇，先画完的喝酒。”结果有一个人先画完了蛇，他拿起酒壶扬扬自得地说：“我再给这条蛇添上几只脚，你们的蛇也不一定画得完。”当他的蛇脚还未画完时，另一人已经画完了蛇，便夺过酒壶说：“蛇本来没有脚，你用得着给它加脚？”画蛇添足的人终于“得之东隅，失之桑榆”。

画蛇添足故事的问题在于，当那位“添足者”端着酒杯，扬扬自得地说“我再给这条蛇添上几只脚，你们的蛇也不一定画得完”时，他已经在节外生枝地陷入了思维的误区。

人们对于许多客观事物的认识，在一开始的时候是不可能一下子就十分明了的。因此，对它们的判定也不可能一下子就十分肯定或十分否定。比如，人们对“水中捞月”的“不可能”和对“海底捞针”的“有可能”的认识，就是一个不断加深认识的结果。这种认识，就涉及了怎么认识模态推理的内容。

模态判断就是断定事物情况可能性或必然性的判断。它们包括必然肯定判断（必然 P）、必然否定判断（必然非 P）、可能肯定判断（可能 P）、可能否定判断（可能非 P）。这四个模态判断之间也具有一定的相互制约的真假关系，其中的等值关系有：

必然 P 等值于不可能非 P；必然非 P 等值于不可能 P；

可能 P 等值于不必然非 P；可能非 P 等值于不必然 P。[1]

按此模态判断之间等值的相互制约的真假关系，画蛇添足者的“不一定画得完”只能推出“可能画不完”，却并不能推出“一定画不完”。但他却自作聪明地将“不一定画得完”等同于“一定画不完”，好端端的一壶酒被混淆模态判断的诡辩断送了。

[1] 模态判断相互之间的真假制约关系与性质判断之间的真假制约关系相同，可参见任意一本逻辑学教材中有关性质判断之间真假制约关系的逻辑方阵图。

在现实生活中，这种混淆模态判断的诡辩也并不鲜见。

有个“妻管严”买了一张彩票，回来后便算计如何花那500万大奖。妻子疑惑地问：“能不能中大奖？”“完全有可能！既然买了就一定要中大奖。”于是他开始计划买一套别墅；有别墅了，还应该有一辆豪华车；楼和车都有了，口袋中的零花钱自然不能再寒酸了。于是他马上理直气壮地提出了增加零花钱的要求。“给鼻子就上脸！”两人为此吵得一塌糊涂。后来彩票中奖了，中了5块钱。

对于所有买彩票的人来讲，必然有人会中大奖，但对于某个买彩票的人来讲，“中大奖”只能是偶然的。这就是说：“某人可能中大奖，也可能不中大奖。”

按上述模态判断之间的等值的真假制约关系，“可能中大奖”等值于“不必然不中大奖”，“可能不中大奖”等值于“不必然中大奖”。

由此可见，“偶然中大奖”并不只限于“可能中大奖”，更不等于“必然中大奖”。而上述那位“妻管严”，却偏偏忽视了这种模态判断之间的等值真假关系，将“偶然中大奖”只限定为“可能中大奖”，继而又把“可能中大奖”混同为“必然中大奖”。并为此得陇望蜀，不吵架才怪呢！

明白了这个道理，我们就可以以平常心来买彩票，而不必一买彩票就算计着如何花那大笔的钞票。

移花接木
——混淆时态判断的诡辩

“移花接木”本指把花木的枝条嫁接到另一种花木上，比喻暗中使用手段更换人或事物。表现在诡辩手法上，则是混淆了时态判断的含义。

有个人娶妻生子,高兴得不得了。过年抱着娃娃、领着妻子去丈人家拜年。丈人一家招待得很好。但这个人回来后就要把妻子给休了。妻子问他原因，他说：“我看见你娘老得满脸都是皱纹，怕你将来也是这个样子，所以还是趁早先把你给休了吧。”

事物是发展变化的，过去怎样，现在怎样，将来怎样。对于如何表达事物的这种发展变化，人们形成了时态判断。

时态判断是由时态语句表达的判断。由于时态判断一般作为性质判断处理，所以，时态判断有以下四种基本形式：“过去是P”“过去曾总是P”“将是P”“将来总是P”。

时态判断之间也具有相互制约的真假关系，其中的等值关系有：

过去曾总是P等值于并非过去非P；过去曾总是非P等值于并非过去是P；过去是P等值于并非过去曾总是非P；过去非P等值于并非过去曾总是P；将来总是P等值于并非将是非P；将来总是非P等值于并非将是P；将

是 P 等值于并非将来总是非 P；将是非 P 等值于并非将来总是 P。[1]

由于事物是发展变化的，所以，过去怎样，不等于现在怎样；现在怎样，也不等于将来怎样。同样，将来怎样，不等于现在怎样；现在怎样，也不等于过去怎样。休妻者的诡辩是故意混淆了时态判断的诡辩，他把将来时态的“老”混同于现在时态的“老”，但将来怎么样并不等于现在怎么样。现在只能说是现在，不能说现在等于将来。二者不能混淆。

又据《战国策·秦策》记载：

梁地有东门吴者，其子死而不忧。其相室（执政大臣，宰相）曰：“公之爱子也，天下无有。今子死不忧，何也？”东门吴曰：“吾尝无子，无子之时不忧，今子死乃即与无子时同也。臣奚忧焉？”

这是一个混淆过去时态判断的诡辩。

“尝无子”是过去时态判断“过去曾没有儿子”，“无子之时”却可以表述为“现在没有儿子的时候”和“过去没有儿子的时候”的两个不同时态的时态判断。在“过去没有儿子的时候”，根本就不存在父子关系，自然也就谈不上父子之情；而“子死”和“现在没有儿子的时候”，则存在有父子关系，理应当有父子之情。由于“现在无子”并不等于“过去无子”，所以“过去无忧”推不出“现在无忧”。亦即“过去无忧”真时，“现在无忧”真假不定，亦即“过去无子之时不忧”与“现在无子之时不忧”之间不存在必然的推导关系。

但东门吴在辩解自己的“子死不必忧”的论题时，故意把“子死”“无

[1] 时态判断相互之间的真假制约关系也与性质判断之间的真假制约关系相同，也可参见任意一本逻辑学教材中有关性广判断之间真假制约关系的逻辑方阵图。

子”“子死之时”“无子之时”等不同的时态判断像绕口令一般地混扯在一起，以轻描淡写的一句“与无子时同也”，就把不存在父子之情的时态，偷换到了有父子之情的时态。由此才产生出这种不近人情的“子死不忧”。

有意思的是，先秦时代的“辩者”也曾提出一个类似“子死不忧”的“奇辞怪说”：“孤驹未曾有母。”

辩者们对“孤驹”概念进行语义分析，得出“孤驹没有母亲”的结论，继而从“孤驹没有母亲”推出“孤驹从来没有母亲”。

先秦典籍《墨经》在2000多年前就驳斥了辩者们的这种诡辩，并从时态上区分了两种不同的“无”：一种是“无之而无”，即从来没有；一种是“有之而后无”，即曾经有过，但后来没有了。这后一种“无”是：“有之而不可去，说在尝然。”“尝然”即“曾经如此”。“已然则尝然，不可无也。”

假途售奸
——错误三段论推理的诡辩

“假途灭虢”，指春秋时代，晋国向虞国借道去灭虢国，返回时，顺便将虞国也灭掉了。后指以向对方借路为名，行灭亡对方之实的计策。“假途售奸”则指，利用貌似正确的三段论推理方式，推销自己的诡辩。

前述古希腊的诡辩家欧布里德的诡辩：“你头上有角”，我们可以将它整理成一个三段论推理形式：

凡是你没有失去的东西就是你具有的东西；

角是你没有失去的东西；

所以，角是你具有的东西。

在这个三段论中，中项“你具有的东西”在大前提与小前提中有歧义。在大前提中，它指“原来有这种东西”，在小前提中，它指“原来没有的东西”。原来没有的东西无所谓“失去”。欧布里德混淆概念的伎俩昭然若揭了。

三段论推理是人们在人际沟通中常用的一种思维形式，它是通过一个共同概念把两个性质判断联系起来，从而推出一个新的性质判断的推理。任何一个三段论都包含并且只能包含三个不同的概念（大项P、中项M、小项S）；任何一个三段论都是由三个性质判断组成的（包含有小项P和中项M的叫大前提、包含有小项S和中项M的叫小前提、包含有小项S和大项P的叫结论）。

典型的三段论的结构式为：

（1）所有的 M 是 P；

这个 S 是 M；

所以，这个 S 是 P。

（2）所有的 M 不是 P；

这个 S 是 M；

所以，这个 S 不是 P。

三段论的规则有七条：

（1）在一个三段论中，只能有三个不同的概念，否则将犯“四概念错误”。

（2）中项在前提中至少要周延[1]一次，否则将犯“中项不周延错误”。

（3）在前提中不周延的项，在结论中不得周延。违反这条规则将犯“大项不当周延错误”或“小项不当周延错误”。

（4）两个否定前提不能得出结论。

（5）前提中有一否定，结论必须也是否定。

（6）两个特称前提不能得出结论。

（7）前提中有一特称，结论必须也是特称。

上述七条三段论的规则，前三条规则直接涉及中项的作用问题，后四条则是间接涉及中项的作用问题。它们都是紧紧围绕“中项”这个关键展开的。不论哪一条规则都与中项是否真正起到媒介作用有关。

三段论有四个格，并且各格还有各格的特殊规则，这些特殊规则是三段

[1] 所谓周延是指，一个概念所包含的范围（外延）被全部断定。在性质判断中，全称肯定判断的主项概念周延，谓项不周延；全称否定判断的主项概念和谓项概念都周延；特称肯定判断的主项概念和谓项概念都不周延；特称否定判断的主项不周延，谓项周延。

论基本规则的具体体现。[1]

按照三段论的规则分析，上述欧布里德的诡辩，如整理成三段论，就可以看出他违反了三段论的第一条规则，是个“假途售奸”的诡辩。

又如在古希腊哲学史上，曾有一则关于“狗父亲”的诡辩：

这只狗是雄性的；你父亲是雄性的；因此你父亲是这只狗。

应该说，在这个诡辩中，两个前提都是真实的，但为什么“狗父亲”的结论却是荒谬的呢？原因在于在大、小前提中，连接“狗”与“父亲”的中项“雄性”都没有概括尽“雄性动物”的所有部分，亦即中项“雄性”两次都不周延。这就把本来互不相干的两种“雄性”生拉硬扯到了一块，从而违反了三段论的第二条规则：在一个三段论推理中，中项必须要周延一次。由于推理形式不正确，因此，它是“假途售奸”的诡辩。

鲁迅在《论辩的魂灵》中，也揭露了一些人的荒谬诡辩：

“洋奴会说洋话，你主张读洋书，就是洋奴……你说甲生疮。甲是中国人，你就是说中国人生疮了。”

我们将其也整理成三段论的形式：

（1）洋奴会说洋话；

你会说洋话；

所以，你就是洋奴。

[1] 参见逻辑教科书。

（2）甲生疮；

甲是中国人；

所以，中国人生疮了。

前一个推理的中项“说洋话”两次都不周延，违反了三段论的第二条规则；后一个推理中，小前提的“中国人”不周延，在结论中却周延了，违反了三段论的第三条规则：在前提中不周延的项，在结论中不得周延。所以，这两个三段论推理都是“假途售奸”的诡辩。

人们在实际三段论思维中，经常在不影响沟通交际的前提下，把不言自明的推理的某一部分省略掉。这就是三段论的省略式。虽然三段论的省略式是实际思维中简单或复杂的三段论的自然表现形式，它符合语言简洁的经济原则。但是，这种省略在消除典型三段论的呆板、凝固、乏味的同时，也极有可能掩盖诡辩。

报载某地中级人民法院对一起故意杀人案进行审理时，犯罪嫌疑人进行了种种辩解：“我熟悉破案手段，不可能指使他人杀人灭口”；“收受贿赂是人情往来”。

第一个诡辩其实是一个只有小前提和结论的省略三段论；第二个诡辩则是一个只有小前提的省略三段论。为了识破其“假途售奸”诡辩伎俩，我们可以将省略的部分补齐：

（1）所有熟悉破案手段的人都不可能指使他人杀人灭口；

我是熟悉破案手段的人；

所以我不可能指使他人杀人灭口。

这个三段论推理形式正确，但被省略的大前提荒谬，“熟悉破案手段”与“不可能指使他人杀人灭口”之间不具有必然的因果联系。

（2）所有的人情往来都不是犯罪；

收受贿赂是人情往来；

所以，收受贿赂不是犯罪。

这个三段论推理形式正确，但小前提荒谬。

为什么推理形式正确，但会出现诡辩呢？这就涉及三段论推理中前提真实性和形式正确性的关系问题。

在一个三段论推理中，前提的真实性和形式的正确性既是统一的，又是相对独立的。但是，只有前提真实并且形式正确的三段论，才能必然地得出真实的结论；而前提不真实或者形式不正确的三段论，都不能保证必然得出真实的结论。所以，一个能够必然推出正确结论的三段论推理，一定是前提真实和形式正确的。

似是而非
——错误复合判断推理的诡辩

有个国王命令处死一个大臣，大臣请求国王宽恕。国王说："你犯了大罪，我怎么能宽恕你呢？我只同意你选择一种死法。"大臣高兴地说："那么就让我老死吧。"

国王的本意是让大臣现在就死，但他提供的前提是个模糊的语句，可以被理解为是一个穷尽一切死法的选言判断，当然包括将来老死的选言支。由于提供前提的语言模糊，被大臣钻了空子，大臣当然高兴了。

在这里，我们不能说大臣诡辩，只能说国王说的话有毛病，被大臣进行选言推理时钻了空子。

复合判断推理包括联言推理、选言推理、假言推理。

1. 联言推理是以前提或结论为联言判断，并根据联言判断的逻辑性质（联言支必须全真）进行的推理。有两种形式：

（1）分解式：如果 p 并且 q，那么，p（q）。

由于分解式联言推理是从总体到部分，这要比孤立地只谈一个结论能收到更好的效果。如在批评某人时，为了减少他的抵触情绪，以便他能更好地接受批评，就不妨先说"你是有优点的，也是有缺点的"，然后再着重指出"你是有缺点的"。这种全面性的说法就容易使人接受。

（2）组合式：p、q，所以，p 并且 q。

2. 选言推理是前提中有一个选言判断，并根据选言判断的逻辑性质（选言支至少有一真，但不能同假）进行的推理。它也有两种形式：

（1）相容选言推理：

否定肯定式：或者 p 或者 q；并非 p（或并非 q）；所以 q（或 p）。

（2）不相容选言推理：

肯定否定式：要么 p 要么 q；p（或 q）；所以并非 q（或并非 P）。

否定肯定式：要么 p 要么 q；并非 p（或并非 q）；所以，q（或 P）。

3. 假言推理是前提中有一个假言判断，并根据假言判断的逻辑性质进行的推理。它有三种形式：

（1）充分条件假言推理：

肯定前件式：如果 p，那么 q；p；所以，q。

否定后件式：如果 p，那么 q；并非 q；所以，非 p。

（2）必要条件假言推理：

否定前件式：只有 p，才 q；并非 p；所以，并非 q。

肯定后件式：只有 p，才 q；q；所以，p。

（3）充分必要条件假言推理：

实际上是前两种假言推理的结合。

在人际沟通中，人们在进行各种复合判断推理。但有些推理却掩盖着一些让人困惑的问题。

如我们在第一章“明明白白的糊涂”中所述的“哪一天也不能考试”一样，是一个演绎推理时存在的逆向归纳法悖论，叫作“预言悖论”。它的推理过程是严密的、符合逻辑的，但结果却是违反直觉的。我们将其叫作“自以为是”的诡辩。有关这种预言悖论的争论与解决方案，各种各样。在这里，我们只想采取一种简单的方法。即：

事实上，执行规定的日期可以放在任何一天。如果对方对此提出“不能执行规定，因为我已经知道了今天要执行规定，按规定的前提条件，今天就不能执行规定了”的反对时，我们可以这样回答：“要是这样的话，说明你还没有想到今天要执行规定，所以我在今天能够执行规定了。”

另外，我们在第一章“明明白白的糊涂”中还讲到“1/100 等于 1/2”的事例。如果每个人都这样的推导，岂不是每个人的被录取的概率都是 1/2 了吗？无疑，这也是一个想入非非、自以为是的诡辩。

之所以是诡辩，就在于尽管每个人都可以这样推导，但他们都把其他 98 个人的 1/100 的录取可能性剥夺了过来，并将它们（98/100）分摊在自己和另外 1 个人身上。这样，每个人的 1/100 的录取可能性就变成 1/2 了。虽然理论上可以这样推导，但事实上，这种推导忽视了背景信息，即，在实际录取前，每个人的录取可能性都是不容被剥夺的，仍然都是 1/100。

是非无度
——自相矛盾的诡辩

“是非无度”是《吕氏春秋》对邓析的评价，实际上是指一种无原则性的自相矛盾的诡辩。

明代笑话集《笑府》记载有一则笑话：凤凰过生日的时候，百鸟朝贺，唯独蝙蝠没来。为此蝙蝠遭到凤凰的责备。但蝙蝠振振有词地说：“我有脚，是兽类，祝贺你有什么用？”又当麒麟过生日的时候，百兽朝贺，还是唯独蝙蝠没来。为此蝙蝠也遭到麒麟的责备。但蝙蝠仍然振振有词地说：“我有翅膀，是禽类，为什么要向你贺寿？”后来凤凰与麒麟相会时，谈到蝙蝠的这些言行，不免感叹一番，说：“如今世风不正，偏生出这种不禽不兽的东西。拿它们有什么办法！”

到底这个蝙蝠是如何诡辩的？我们结合曾在第一部分“魔鬼的律师”一节中举出的邓析的“两可之论”来分析。

邓析之所以能在利益相反的“得尸者”与“赎尸者”之间左右逢源，在于他用同一个判断“安之”来回答利益相反双方的咨询，使利益相反的双方各得其所，但他的相互对立的回答却使他无法摆脱诡辩的干系。

邓析对“赎尸者”说“安之”，是利用死者家属的优势（也即只有死者家属才有可能赎买尸体）去攻“得尸者”的劣势（如果死者家属不着急赎买尸体，他们就无处获得赎金）。他对“得尸者”说“安之”，是利用“得尸者”的优势（只此一家，别无分店，只有他这里有富人尸体）去攻“赎尸者”的劣势（不到“得尸者”这里赎买，就没有别处可买）。

如是，邓析就从相反的角度认识到对立双方的着急与不着急都是相对的，有它形成的条件性，所以邓析能从着急中发现有所不着急，从不着急中发现有所着急。于是，邓析在肯定一方的“不着急”（安之）时，是以另一方的“着急”为条件的；在肯定另一方的“不着急”（安之）时，又是以这一方的“着急”为条件的。这样，邓析就把相对的“着急”与“不着急”从事物本身的静态是非判断中抽取出来，放到了一个动态的是非判断中，使得对立双方的矛盾性质在事物的发展变化中具有了一定的同一性。邓析从事物的两方面来分析问题，将事物本身看作是发展变化的、相对的，因此从肯定中看出否定，肯定包含着否定；从否定中看出肯定，否定有助于肯定的认识方法，似乎有一点辩证的态度，也就是反对绝对地肯定一切，也反对绝对地否定一切。

但是，问题的另一方面是，“两可”之说虽然认定了事物是相对的，因此思维判断在一定的条件下具有相对性，但这种相对性有没有一个确定性的一面，使得是非判断有一个客观的尺度？从“两可之说”的故事中，并没有看到最终解决的结果。“两可”之说历来被说成是诡辩不是没有道理的。应该说，如果说“两可”之说在于引起对立双方对所交涉问题的全面性的注意，那么，对立双方就不应该只认定“一可”，还要认定另“一可”。这样一来，对立的双方就有了一个共同的评价是非的尺度，双方就能够按照这个共同接受的尺度协商解决问题的办法。但在“两可”故事中，“两可”只存在于邓析身上，而对立的双方，在“安之”的提示下，都把对方的“着急”转化为自己的“不着急”，对于每一方来说，就只剩下“一可”了。这样，最终的结果就不是谁的“可”更现实地符合客观情况，而是谁的忍耐心更大罢了。这就暴露出“两可”之说成为诡辩的一个致命原因：没有一个一定条件下的质的规定性。也即，缺乏了一种确定性的标准。

在第一部分“魔鬼的律师”一节中我们还举了“半费之讼”，它的随心所欲丢弃一个确定性标准的诡辩痕迹更为明显。亦即，尽管智者普罗泰戈拉和尤拉苏斯之间都为“半费之讼”设计了自己的“二难”，但在他们自己的“二难”中，每一“难”都有一个只符合自己如意算盘的是非标准，即或者是“法庭判决”，或者是“契约规定”。这样，他们在判断是非的标准上，各自都没有一个统一的确定的标准，更谈不上相互之间保持一个同一的确定的标准了。由于二人都“是非两可”地以自己的尺度来算计，于是都各执一词，使“半费之讼”的诡辩流传至今。

实际上，在“半费之讼”中，无论智者师徒如何“是非无度”，也只存在一个同一的确定性标准，那就是——法庭判决。

“是非无度”的诡辩，从逻辑上讲，既违反思维规律中同一律的要求，也违反矛盾律的要求。

同一律要求在同一个思维过程中，每一个概念或判断必须保持自身的同一。同一律只是在思维领域起作用，它是对客观事物在确定的时间、空间下质的稳定性的一种反映，它的作用在于保证思维的确定性。矛盾律则从反面要求在同一思维过程中，思想必须首尾一贯，不能对相互否定的思想同时加以肯定。它仍然是对客观事物在确定的时间、条件下质的反映，只不过是反面的反映。矛盾律也是只在思维领域起作用的思维规律，它的作用在于排除思维过程中的逻辑矛盾而非辩证矛盾。因为，逻辑矛盾是思维的矛盾，而辩证矛盾是现实的矛盾。

我们按此来看邓析的“两可之论”和智者的“半费之讼”，就可以认识到它们之所以是诡辩，就在于“是非无度”之中，他们都陷入了自相矛盾的境地。从这一点也可以看出遵守思维规律对于人们正确思维的重要性，以及破斥诡辩的作用了。

另外，虽然逻辑学的矛盾律要求同一个思维过程中，不允许出现自相矛盾。但在文学创作中，有些修辞手法却由于其有特殊的功能，而不必有此苛求。

在小学一年级语文课本上有这样一首儿歌：“弯弯的月亮小小的船，小小的船儿两头尖。我在小小的船里坐，只看见闪闪的星星蓝蓝的天。”对于这首儿歌，天津有位一年级小朋友提出了质疑：“闪闪的星星与蓝蓝的天不可能同时出现。”因此，这是一个自相矛盾的虚假判断。对这种质疑，天津的《每日新报》还专门有一个讨论。老师认为是“善于观察值得赞扬”；天文学家认为是“幼童质疑，有科学依据”；作家认为是“文学作品，重在意境”。[1]

笔者认为，从文学欣赏的角度讲，作家的说法应该有道理。中国的传统思维方式有其意象性的特点，例如，逻辑学所认为的概念，只是揭示了对象的本质属性，无所谓断定。但在元代马致远的《天净沙·秋思》中：“枯藤老树昏鸦，小桥流水人家，古道西风瘦马。夕阳西下，断肠人在天涯。”这些概念简单的排列，所表达的是一种苍凉的意境，已经有了断定。

只是这些概念之间的联结是隐含的，需要意会。通过这种意会，意境感发了心情，契合了心境，而“感发”和“契合”就是一个心灵映射与逻辑联

[1] 见《每日新报》2002年1月20日第2版。

系的过程。这也就是为什么中国诗论中有“滋味说”：“使味之者无极，闻之者动心。”[1]

因此，如果一味地以“逻辑”来困囿意境，我们就有理由质疑，怎么可能“黄河之水天上来”（意境的渲染）、“飞流直下三千尺”（夸张）；至于郭沫若的“我是一条天狗呀”（比喻），更是睁着眼睛说瞎话。

因此，“只看见闪闪的星星蓝蓝的天”有意境于其内，这与所谓的“皓月当空，繁星满天”的描述是不一样的，在后者的描述中没有意境，因此是违反矛盾律的思维谬误。

笔者曾在帮助女儿复习高考时，见过前几年某省高考中的一道现代文阅读试题。大意是在“深秋季节”，站在长城上，看到一队“北飞的大雁”，想到它们飞到“苏武牧羊的地方”。思想情感不可谓不深沉而深邃。但笔者读了以后却好生奇怪：快到寒冬腊月了，这帮候鸟飞到贝加尔湖去干什么，去找死？

类似这样的谬误也必须杜绝，在写作中必须将它们清除干净。

---

[1] （南朝）钟嵘：《诗品》。

模棱两可
——是非两不可的诡辩

据明代笑话集《笑林》记载：有两个古板、迂腐的道学先生，都说自己是真道学，对方是假道学。两人争执不下，便请孔子给评断一下。孔子说："两位先生都是真道学，我一直都很敬佩二位。"两人听后，高高兴兴地走了。后来孔子的学生问孔子："先生为什么把这两个人抬得这么高呢？"孔子说："咳！像这些人，只管把他们哄走就行了，惹他们干什么？"

在这里，孔子言不由衷的评断就是不管有没有矛盾，先把别人哄走再说的模棱两可。

"模棱两可"一词来自《旧唐书·苏味道传》。据说武则天统治时有一位宰相，名叫苏味道。他对问题的正反两方面意见，从来都是不表示任何明确的态度。他曾对别人说："处事不欲决断明白，若有错误，必贻咎谴。但模棱以持两端可矣。"为此，当时的人给他起了个外号叫"苏模棱"。因此，"模棱两可"即指对事物的认识这样也可以，那样也可以，含含糊糊，没有明确的态度或主张，"似乎此，似乎彼"。

实际上，模棱两可也就是模棱两不可。因为，含含糊糊地"似乎此，似乎彼"，也就等于含含糊糊地这样不可以，那样也不可以的"非此非彼"了。

"模棱两可"或"模棱两不可"有时表现得似乎并不"模棱"。如作《华严一乘教义分齐章》中有这么一段话：

> 问真如是有耶？答不也，随缘故。问其如是无耶？答不也，不变故……又问有耶？答不也，不变故……问无耶？答不也，随缘故……又问有耶？答不也，离妄念故。问无耶？答不也，圣智行处故。

所谓“真如”是佛教对事物本质的称呼。“真如”要么是有，要么是无，绝不可能既非有，又非无。但上述这一段话既否定“真如”的有，又否定“真如”的无。反正不论是问“有”还是问“无”，回答一概是“不也”，只不过是把“不也”的理由颠来倒去罢了。但从必须明确地表达思想这一点上讲，这种“非常肯定”的表达，对于听者而言，仍然是糊涂的，因此，它仍然是“模棱”的。

按前述排中律的基本内容和逻辑要求，在同一思维过程中，两个互相否定的思想，不可能都是假的，其中必有一个是真的。排中律是对客观事物区别性的反映。事物在确定的时间、条件下，是什么和不是什么，总是确定的。人们对它究竟是什么和不是什么，必须要有所断定。否则，这个事物究竟是什么或不是什么就将永远无法知道。

因此，排中律对于保证思维确定性的作用在于，它排除了两个相互否定的思想的中间可能性。即或者A真或者非A真，不可能有第三种选择。故而人们在是非面前，对问题要做出明确的回答，不允许在肯定与否定之间有“非此非彼”的“居中者”。“排中律”由此得名。

遵守排中律的要求，是为了消除人们认识中的不确定性。因此，“模棱两可”或“模棱两不可”是违反排中律的逻辑错误。

但是，我们又如何分析下例？

前两年有位德国的失业者因向德国总理投掷了一个西红柿而被起诉。但如何判决却难住了法官。按德国法律，未成熟的绿色西红柿更容易激怒人，所以要比成熟的红色西红柿的处罚重。但这只西红柿是黄色的，它的颜色问题超出了“是非”的选择，才使法官左右为难。

这就涉及排中律起作用的条件问题了。

必须明确的是，排中律只是思维的规律，因此，它对于正确思维的规范作用也有其条件性。

第一，当问题只有两种可能——非此即彼、两者必有一真而不能同假时，它才起作用。

第二，排中律并不要求人们对任何存在矛盾观点的问题都做出明确表态。如对某些问题，人们还尚未深入了解，对是非界限还不清楚，这时不表态是允许的。这与在同一思维过程中对两个相互否定的思想不承认其中必有一真是不相同的。

第三，排中律的作用只在于提出两个相互否定的思想必有一真，以供人们选择，但它并没有指明两个判断中哪一个是真的。判断的真要靠实践确定。

第四，排中律并不否认客观事物在发展过程中有中间的过渡状态，同其他思维规律一样，排中律也是只在思维领域中起作用。

按照这些排中律起作用的条件性，面对那些只有互相矛盾的两种可能的问题，人们对它的认识还不可能一下子就清楚地下一个明确的断定时，不回答是允许的；有时妙用模糊语言的回答也是允许的，如前述的“鹿便是獐，獐是鹿”。但是，绝不允许对这互相矛盾的两种可能都做否定的回答。否则就要犯违反排中律的逻辑错误。但是，如果为了某种目的而故意忽略第三种可能，使思维的选择只局限在“是非”上，则就是诡辩了。

在现实生活中，那种“为人只说三分话，不可全抛一片心”，在某种程度上就是“模棱两可”或“模棱两不可”。由于这种“模棱两可”在真假是非的问题面前含糊其词，态度暧昧，没有明确的回答，同样也会妨碍了思维的确定性。因此，面对“模棱两可”或“模棱两不可”的诡辩，我们只能如列宁所说的：“二者必居其一……请你直截了当地说吧。”[1]而对于故意忽略第三种可能的诡辩，我们也只能要求对方“想好了再说”。

[1] 《列宁全集》第20卷，第83页。

胡搅蛮缠
——混淆论题的诡辩

“胡搅蛮缠”是指人不讲道理，胡乱纠缠。在诡辩手法上，“胡搅蛮缠”则是在胡乱纠缠中，故意混淆了论题（话题）。

所谓混淆论题是指，在同一思维过程中，把有某些联系或有某些表面相似之处的不同话题，当作相同的话题来使用。从而使本来应该得到论证的话题得不到论证。

据《吕氏春秋·去私》载：

晋平公问于祁黄羊曰：“南阳无令，其谁可为之？”祁黄羊对曰：“解狐可。”平公曰：“解狐非子之仇也？”对曰：“君问可，非问臣之仇也。”平公曰：“善。”遂用之。国人皆称善焉。

在这则对话中，平公问的“谁人能当南阳县令”，与“解狐是你的仇人”是两码事，不能用其中的任何一个话题去代替另一个话题，否则，就要犯混淆论题的逻辑错误。

如果是故意不断地把新的似是而非的话题搅和在原来的话题中，就是“胡搅蛮缠”的诡辩了。宋朝苏轼所写《艾子杂说》中有一则故事：

有个营丘人，不开窍，又多事，并且好非难人却不又中理。有一天，他跑去问艾子："大车下面与骆驼的脖子上，总是挂个铃铛，这是怎么回事？"艾子回答说："大车和骆驼都是庞然大物，又多在夜里赶路，怕狭路相逢，难于避让，所以挂个铃铛，借铃声好让双方预先准备让路。"营丘人再问："高塔之上，也挂着铃铛，难道高塔也在夜里行路需要相互避让吗？"艾子说："你怎么这么不通事理，许多乌鹊多在高处筑巢，把鸟粪撒得遍地都是，所以塔上挂铃，风吹铃响，就会把乌鹊赶开，怎么能把它跟大车、骆驼相比呢？"营丘人又问："老鹰和鹞子的尾巴上也挂个小铃，哪有乌鹊到老鹰和鹞子的尾巴上筑巢的呢？"艾子大笑说："你这个不懂事理的人真奇怪，老鹰和鹞子出去捕捉小动物，如果飞到树林里去，缚在脚上的绳子会被树枝绊住，只要它们拍拍翅膀，铃一响，人们就可以循声找到了，怎么能说是防止乌鹊筑巢呢！"营丘人还要继续纠缠下去。

他说："我曾看见过大出丧，前面的挽郎摇着铃，嘴里唱着歌。从前我不明白是什么道理，现在才知道原来是为了万一给树枝绊住脚的时候便于寻找。只是不知道缚在他们脚上的绳子，是皮绳呢还是麻绳呢？"艾子有些恼怒地回答道："那是给死人开路的。因为死人生前喜欢和别人瞎争，所以摇摇铃铛让他开开心哩！"

在这则谈说中，营丘人和艾子的谈说涉及好几个问题：大车下面和骆驼脖子上为什么挂铃铛？高塔上面为什么挂铃铛？老鹰和鹞子的尾巴上为什么挂铃铛？出殡时前面的挽郎为什么要摇铃铛？

本来，铃铛系在各种不同的对象上有着不同的用途，如果第一个问题解决了，再转入第二个问题；第二个问题解决了，再转入第三个问题等，这种对话沟通就符合逻辑了。但营丘人开始问的是大车和骆驼项下挂铃铛的用途，艾子针对所问问题做了明确的回答。可是营丘人却不断地提问其他对象挂铃铛的用途，并且把艾子对前一个问题的回答毫无关联地作为他后一个发问的题设。这样，就把所有的问题都混淆在一起，使得每一个问题的解决，都可能引出新的荒谬。面对如此纠缠不清的“好折难而不中理”，难怪忍无可忍的艾子最后要把营丘人奚落了一番了。

在人们的日常交际活动中，有大量运用着问句作为交流思想的语言工具。能否正确提出问题，往往关系着人们能否正常地交流思想。我们常常看到有人提出某些不合理的问题而惹起对方火冒三丈的现象。究其原因，抛却伦理因素，单从逻辑思维的角度讲，许多火冒三丈，就是由于所提问题混乱不清所引起的。

人际沟通的过程，同时也是一个逻辑论证的过程。而论证的过程就是“用已知为真的判断确定某一判断的真实性（为真）或虚假性（为假）的思维过程”。论证的这种性质，决定了在每一个人际沟通中，每一阶段的谈话都应该保持有一个确定的话题——“某一判断”。这样，沟通交际的双方就可以时刻针对这个判断进行思考，发表意见，这样，讨论才能集中，才能深入，“某一判断”的真假以及为什么真假才能清晰地得以展现，所讨论的问题才能又快又好地得到解决。

这种确保同一话题的要求，涉及论证中的论题规则：一是论题必须明确。它强调的是在一个论证中，论题必须清楚、明白、确切。这是论证正确进行的基本条件之一，如果论题不明确，就无法找到适当的论据与正确的论证方式对它进行论证，别人也就不知道你要说什么或问什么。违反这条规则，就要犯“论题不明”的逻辑错误。二是论题必须保持同一。它强调的是在一个论证中，必须围绕同一个论题展开论证。同样是要让别人知道你要说什么或问什么。违反这条规则，就要犯“偷换论题”或“混淆论题”的逻辑错误。这两个规则的合二为一，就是避免讨论问题时可能出现的跑野马现象。

而在营丘人和艾子的沟通中，营丘人绕嘴饶舌地把几个不同的“为什么挂铃铛”的问题，都混杂在“铃铛有什么用处”的问题下，从而也使这个问题变得模糊不清了。因此，在他的质疑过程中，他所提的问题既不明确，也没有保持同一。其锲而不舍地胡搅蛮缠，表明他是在故意制造思维混乱。歌德曾经说过：“饶舌是骗子和蠢人的职业。”营丘人可谓是也。

在现实生活中，这种胡搅蛮缠式的混淆论题并不鲜见。

英国博物学家、进化论者赫胥黎在达尔文发表《物种起源》后，大力宣传进化学说，并第一个提出了人类起源的问题。但遭到当时教会的反对。一次在辩论“人类是否由猿猴进化而来”中，一位贵族怒气冲冲地问他：“请问，是你的祖父还是祖母是由猴子变来的？”

这里，这个贵族显然是把“哪个人是由猿猴变来的”混同于“人类是由猿猴进化而来的”的论题了。但这是两个似乎相似的论题。对“哪个人是由猿猴变来的”论证，显然不能使原来的论题——“人类是由猿猴进化而来的”得到逻辑证明。这就是胡搅蛮缠式的混淆论题。赫胥黎识破了这种胡搅蛮缠，用大量的事实证明了进化论，最后又说：“我并不因人类是由猿猴进化而来而感到羞愧，我只是为一些人不敢承认人类是由猿猴进化而来而感到羞愧。”

据说这位贵族的夫人听了赫胥黎的论证后，哭着问这位贵族：“难道我们真的是由猴子变来的吗？”这位贵族哭丧着脸说：“大概是吧。”竟然把那位贵族夫人气得昏了过去。到了这时，她还是搞不明白“哪个人是由猿猴变来的”与“人类是由猿猴进化而来的”是两个似乎相似但完全不同的论题。当然，除了胡搅蛮缠式的诡辩外，这位贵族以漫骂代替具体论证的手段，还属于人身攻击的诡辩。

我们在第一部分“笨嘴笨舌的苦恼”中曾举出“你做的还不如他呢”的胡搅蛮缠的诡辩。“某人某事做得好不好”与“我自己做得好不好”，是两个完全不同的话题。不允许将它们混淆在一起。如果一时气愤难捺，为自己辩护，则就不自觉地落入了对方胡搅蛮缠的诡辩陷阱了。

当然，如果需要把它们都弄明白，那也只能一个问题一个问题地讨论，同样不允许混淆在一起。不过事实上，有时“某人某事做得好不好”与“我自己做得好不好”的话题，是永远也不能一个接一个地讨论的。比如，“某歌手唱得不好”，“你唱一个试试看”；“某篇小说写得不好”，“你写一篇试试看”。我们每个人都不可能会做所有的事情，如果因为这样，就不允许评价旁人，那任何评论就都是自讨没趣了。

东拉西扯
——转移论题的诡辩

“东拉西扯”是说想到哪儿说哪儿，说话没有重心，没有目的。用在诡辩上，则是转移话题的手法。亦即当言谈论辩的原有话题于自己不利时，便悄悄地利用争论的势头，不断地扯出新的话题，并使这新话题越扯越远，从而达到对方遗忘了原来的话题是什么的目的。因此，这种不断转移话题（论题）的过程，实际上就是一个诡辩者的构造过程。他在同一个言语沟通的过程中，故意把原来需要论证或沟通的话题换成了另外一个不相干的话题，从而使本来应该得到证明的话题得不到证明。

有一篇《女士违章》的故事：

他在十字路口拦住了她的车，敬礼后，请她出示驾驶证。

“这是为什么？”她坦率地惊问道。

“您违反了交通规则。”

“谁告诉您的？”

“我亲眼看到的。快出示证件，我等着呢！”

“您是不是认为我没有驾照？”

“我没有这样认为。”

“可是，我为什么要把证件交给一个完全不认识的人呢？”

“我是交通警察，我有权这样做。”

“可我怎样知道您是警察呢？”

“难道您没有看见我穿的制服？”

“制服能说明什么？制服是可以假造的。我记得十年前，我的朋友詹娜认识了一位军人……”

“请不要给我讲故事，我在等您的证件。”

“这不是故事，是往事。我只是想证明制服并不总是可信的。”

“那好吧，我可以让您看一下我的工作证。”

“也好……让我看看。嗯，这么说，您叫戈吉什金？”

“戈日什金。”

“什么，您瞧这个‘日’写得像个‘吉’。算了，就当您是戈日什金吧。可是照片却不像您呀？”

“不知道，可能是没戴帽子吧。”

“真的吗？您摘下帽子让我看看。还有，站直些，别皱眉头。是的，有点像了。照片很久了吧。”

“七年前……”

“这能看出来。您那时看上去很帅。”

“好了吧，请把证件还给我。”

“您急啥？只要证件不是伪造的，就不会有什么事发生。”

“可我没空呀，我正在值班。”

“您觉得我的空闲时间很多？我马上去市场，顺路还得去找女裁缝，还要去看望生病的姑姑，还得给丈夫打电话……”

“我求您了，快把证件还给我！您看看，您让后面堵了多少车了。”

“这怎么能怨我？要知道并不是我拦住了您，而是您拦住了我。”

“好吧，好吧，算我错了。只是恳求您快把证件还给我，把车开走。”

“就是嘛，给您证件，以后可别再制造交通堵塞了。”[1]

在这段对话中，违章女士一开始就没打算乞求怜悯，而是采取以守为攻、咄咄逼人的策略，不断地把新的话题越扯越远，故意回避原来的话题，并拖延至新的问题出来。而这位交通警察可能缺乏与各种人打交道的经验，结果被违章女士东拉西扯的话题牵着鼻子走，早忘记了原来的问题是什么，最后在新的问题面前，反倒是自己没理了。

其实，对付此类东拉西扯的诡辩，就是在适当的时候，插入适当的语言，从而使对方不得不从东拉西扯中回到原来的话题上。如在上述对话中，交通警察一是可以在“我没有这样认为”后插入：“但是如果您有驾驶执照，就请您出示驾驶执照。”二是可以在“好了吧，请把证件还给我”后插入：“现在请您出示您的驾驶执照。”这样，就既可以提醒违章女士：“不用东拉西扯，我明白着呢！”也可以以始终同一的话题，迫使违章女士不得不交出她的驾驶执照来。

在现实生活中，类似这样的东拉西扯并不鲜见。例如有些人违反交通规则，撞了人，但在争论谁是责任者的过程中，却往往故意将问题越扯越远：“你是什么态度？”“你会不会说话？”“你在哪受的教育？”……

对于这样的诡辩者，恐怕不是一个简单的逻辑解释就能解决问题了。

[1] 录自《小小说选刊》2000年第3期，〔俄〕伊戈尔·马尔佳科夫著，王晓明译。

答非所问
——偷换论题的诡辩（一）

“答非所问”指回答的不是所问的问题。用在诡辩手法上，则是故意偷换话题（论题）。

所谓偷换话题也是在同一个言语沟通的过程中，有意地把原来需要论证或沟通的话题换成了另外一个不相干的话题，从而也使本来应该得到证明的话题得不到证明。

如果出于某种目的而故意答非所问地偷换话题，则有可能是诡辩了。

明代哲学家王阳明曾提出“心外无物”“心外无理”，一切都是“心”派生出来的。他说：“我的灵明，便是天地鬼神的主宰……离却我的灵明，便没有天地鬼神万物了。”他的学生问他：“天地鬼神万物，千古见在，何没了我的灵明，便俱无了？”王阳明回答说：“今看死的人，他这些精灵游散了，他的天地鬼神万物尚在何处？”[1]

如果撇开“鬼神”二字，学生的质疑是符合事实的。在“天地万物，千古见在”与“我的灵明，便是天地鬼神的主宰”之间，存在着不可调和的矛盾。为了避开这一矛盾，王阳明故意不回答学生问的客观存在的天地万物怎么会因为没有“我的灵明”就不存在了的问题，回答的是人死了，“他的天地万物”

[1] 见《传习录》下。

也就不存在了。“他的天地万物”与学生所问的“天地万物”显然不是同一个话题，王阳明在此故意偷换话题，以“答非所问”的诡辩来掩饰自己的窘迫。

如前所述，在一个论证中，论题必须保持同一。这是保证在同一个思维过程中能够围绕同一个论题展开论证。因此，在一个谈说论辩的过程中，所下判断必须要对其含义有明确的表达；不能含含糊糊，使人一头雾水，不明所以。这也是同一律对判断要有确定性、恰当性的逻辑要求。前述“闪烁其词”中“王顾左右而言他”的不回答，是故意不明确表态的诡辩伎俩；而此处的“答非所问”则是“回答却等于不回答”的诡辩伎俩。

一般来讲，当对方转移或偷换话题后，人们常会犯的错误就是，不自觉地跟上转移，这样也就落入了对方的圈套。

对付此类诡辩的方法，是再一次说明自己的话题是什么，要求对方回到原来的话题上。至于其他的话题有没有必要讨论，那也要等到这个话题讨论清楚了再说。

还有一种答非所问是没有弄明白对方的话意就径直应答。这种无意的答非所问有时也会招致诡辩的嫌疑。汉代王充的《论衡·问孔》还载有一段话：

蘧伯玉（卫国大夫）使人于孔子。孔子曰：“夫子何为乎（做什么）？”对曰：“夫子欲寡其过而未能也（想少犯错误却办不到）。”使者出，孔子曰：“使乎（使者呀）！使乎！”［见《论语·宪问》。］非之（批评使者）也。说《论语》者曰：“非之者，非其代人（代替蘧伯玉）谦（谦虚）也。”

夫孔子之问使者曰：“夫子何为？”为所治也，非问操行也。如孔子之问也（如按孔子所问回答），使者宜对曰：“夫子为某事，治某政。”今反言：“欲寡其过而未能也。”何以知其对不失旨，孔子非之也？且实孔子何以非使者？非其代人谦之乎？其非乎对失旨也，所非犹有一实。不明其过，而徒云："使乎！使乎！"后世疑惑，不知使者所以为过。韩子曰："书约（简约）则弟子辩（争论）。"孔子之言"使乎"，何其约也！

《墨经》曾经说过："通意后对。"要求在谈说论辩中，必须要先弄明白对方所说的意思再应答，否则便是应对失旨，使人不明所以。这是因为，客观世界的多样性和复杂性，造成了语言的多样性和复杂性，使得一个语词或语句经常具有多种含义，在沟通交际中，如不先"通意"，也即明确对方所说话的确切含义，往往就会出现答非所问的现象。如在上述谈说中，遽伯玉的使者就没有对孔子所问"通意"，因而在回答孔子的问话时，答非所问，以至于招致孔子的批评。但是，王充认为，孔子的批评也过于简约隐晦了，从而使"后世疑惑"，对孔子究竟想批评什么颇费琢磨，争论不已。因此，王充在批评使者应对失旨的同时，也批评孔子的"批评"犯了语义模糊的错误。其实，孔子的所问又何其不"简约"，又何其没有模糊性呢？难怪遽伯玉的使者在回答时，蒙头蒙脑，牛头不对马尾了。

"通意后对"也是同一律对言语沟通必须围绕一个确定的话题进行的逻辑要求。否则，正常的人际沟通就只能是一个双方都在自说自话的"三岔口"了。

暗度陈仓
——偷换论题的诡辩（二）

据《史记·高祖本纪》载：秦亡后楚汉相争，汉将韩信虚张声势，表面修筑栈道吸引楚军的注意，暗里却率兵秘密东出陈仓，打败了楚军。以此典故形成的成语“明修栈道，暗度陈仓”，多比喻用明显的行动迷惑对方，转移其视线，暗中却采用出人意料的策略达到目的。作为一种诡辩手法，“暗度陈仓”则是借着对方的话题中某些词语的歧义性，构造并且偷换了话题。

先秦名家代表人物公孙龙曾与儒家弟子孔穿有一次论辩：

龙与孔穿，会（相遇于）赵平原君家。穿曰：“素闻先生高谊（人品高洁），愿为弟子久，但不取（认可）先生以‘白马为非马’耳。请去（抛弃）此术，则穿请为弟子。”

龙曰：“先生之言悖（背理，荒谬）。龙之所以为名者（投身名辩），乃以‘白马’之论尔。今使龙去之，则无以教也。且欲师之者，以智与学不如也。今使龙去之，此先教而后师之也。先教而后师之者，悖。且‘白马非马’，乃仲尼之所取。龙闻楚王张繁弱（古良弓名）之弓，载忘归（良箭之名）之矢，以射蛟、兕（sì 犀牛）于去梦之圃，而丧（丢失）其弓。左右请求（寻找）之，王曰：‘止（不必）。楚人遗（遗失）弓，楚人得之，又何求乎？’仲尼闻之曰：‘楚王仁义而未遂（还不够完全）也。亦曰（不也可以这样说）

人亡（丢失）弓，人得之而已，何必楚（何必限于楚国人）？’若此，仲尼异‘楚人’于所谓‘人’。夫是（肯定）仲尼异‘楚人’于所谓‘人’，而非（否定）龙异‘白马’所谓‘马’，悖。先生修（修习）儒术而非仲尼之所取，欲学而使龙去所教，则虽百龙，固不能当前矣（即使有一百个公孙龙，也不能解决现在的问题）。”孔穿无以应（应答）焉。（《公孙龙子·迹府》）

在这则论辩中，公孙龙不停歇地轰击着孔穿：

第一轮轰击是围绕“教”字做文章。公孙龙认为，既然你孔穿希望向我学习，那么就是希望学习我所特长的东西。现在我所特长的东西就是“白马非马”。如今你孔穿却又要求我放弃我所特长的东西，那我也就没有什么可以教的东西了。你孔穿既要向我学习，又要我放弃我所能教的东西，可见你孔穿的说法是背理乖谬，自相矛盾。此一轮为直接反驳。

第二轮轰击还是围绕“教”字做文章。公孙龙认为，向别人学习，是因为自己的智慧和学问不如别人，才向别人请教的。现在你孔穿却在教我放弃我所具有的东西，这是为了向我学习而先教我。向别人学习又先教别人，这也是背理乘谬，自相矛盾的。此一轮为类推归谬。

第三轮轰击是借助孔穿的宗师孔子的认识来揭穿孔穿的自相矛盾。公孙龙认为，孔子就曾“异‘楚人’于所谓‘人’”，按同一事理，我的“异‘白马’于所谓‘马’”同于孔子的“异‘楚人’于所谓‘人’”。两个相同的论题，你孔穿肯定一个，否定一个，这也是背理乖谬，自相矛盾的。此一轮为类推对比归谬。

通过这三轮轰击，公孙龙得出一个陷孔穿于两难困境的结论：你孔穿研修儒家学说却又否定儒家祖师爷所肯定的东西；想向我学习却又要我放弃我所能教的东西，这样，有一百个公孙龙也没法解决你的问题。

应该说，公孙龙的这番归谬反驳，可谓言辞犀利，形式多样，整个反驳过程有条不紊，充分体现了公孙龙娴熟的论辩技巧。但是，公孙龙的论辩巧则巧矣，其“暗度陈仓”的诡辩痕迹还是有所端倪。

其一，在所谓的“先教后师”的问题上，孔穿的“请去此术”并非在“教”，充其量只是一种要求。即他并不一定就死乞白赖地要学公孙龙的什么“白马非马”，他还可能想学点别的什么。或许这干脆就只是孔穿的一句客气话也说不定。但公孙龙却把这种本不相同的“请”与“教”混同为一，一口咬定这是孔穿在“教”他。在“揭穿”孔穿自相矛盾的同时，公孙龙自己也故意混淆了概念。

其二，孔穿要求公孙龙放弃的是“白马非马”，而公孙龙在反驳中却以孔子肯定了“异‘楚人’于所谓‘人’”，所以你孔穿也应肯定我的“异‘白马’于所谓‘马’”。这样，公孙龙就把“白马非马”偷换成了“白马异于马”了。“非”也许可以勉强装进“异于”的含义，但在公孙龙论证“白马非马”时，“非”字却是毫无疑问时解作“不是”的。这样，在揭露孔穿自相矛盾的同时，公孙龙似乎在不经意之间，偷换了论题。从而在同一个思维过程中，同一个完全不同的判断去替换了原来的判断，把自己的荒谬强加给了对方。

偷梁换柱
——偷换论题的诡辩（三）

“偷梁换柱”一般用来比喻玩弄手法，暗中改变事物的内容或事物的性质。用在诡辩上，也是利用争论的势头偷换话题的构造手法。

有则外国笑话：有个人在饭店吃饭，看到菜盘子里有一只苍蝇，便叫来侍者问道：“怎么菜盘子里有只苍蝇？”侍者回答说：“你花5块钱还想吃什么？”

本来在这里需要讨论的话题是这个饭店的卫生情况怎么样，“怎么菜盘子里有只苍蝇”即隐含有这个话题。结果被侍者借机偷换成“你花钱多少”了，而这句抢白的话又隐含讥讽的意味。如果不明就里而发生争吵，原有的隐含话题恐怕就永远无影无踪了，而需要说明的问题（饭店的卫生情况）将永无答案。

一个秃头的男人坐在理发店里。理发师问：“有什么可以帮助的吗？”那个人说：“如果能够让我的头发看起来像你的一样，我就付给你1000块钱。”“没问题。”理发师一边说着，一边飞快地把自己剃了个光头。

在这里，理发师将标准的对象偷换了，因此，自然也就啼笑皆非地将“我的像你的”话题偷换为“你的像我的”话题了。

这种“偷梁换柱”的诡辩，自古已然。其中有著名的“濠梁之辩”：

庄子与惠子游于濠（濠水）梁（河堰）之上。庄子曰：“儵（tiáo 白条鱼）鱼出游从容，是鱼之乐也。”

惠子曰：“子非鱼，安知鱼之乐？”

庄子曰：“子非我，安知我不知鱼之乐？”

惠子曰：“我非子，固不知子矣；子固非鱼也，子之不知鱼之乐，全矣（这就够了）。”

庄子曰：“请循（追溯）其本（开头的话题）。子曰‘汝安知鱼乐’云者，既已知吾知之而问我，我知之濠上也。”（《庄子·秋水》）

庄子与惠施是古代一对奇特的辩友，从“运斤成风”这个成语典故中可窥见一斑。“濠梁之辩”是他俩之间最著名的一个论辩，可以称得上是千古奇辩。在这则论辩中，双方都在斗智斗巧，辩才均为无与伦比，但各自的诡辩还是可以分析出来的。

在“濠梁之辩”中，话题的焦点是“异类能不能相比”与“异类能不能相知”的问题。庄子根据“鱼出游从容”断定是“鱼之乐”。惠施提出“子非鱼”之句的反驳，明确表示了“子”与“鱼”是异类，不存在“相比”“相知”的问题。但庄子“子非我”之句的再反驳就开始玩弄诡辩了，他把惠施说的异类不可以相知、相比的“子”与“我”说成是不可以相知。在这里，庄子以构造法偷换话题，违反了在一个论辩过程中“论题必须同一”的同一律要求。

惠施当然不会善罢甘休，马上抓住话柄，提出了新的反驳:“我非子……全矣。”虽然惠施的这个反驳使庄子陷入了困境，但惠施的这个反驳也不是无懈可击的。首先，从思维规律角度讲，惠施一方面肯定“子固非鱼也，子之不知鱼之乐，全矣”，表明自己对庄子已经有所知另一方面却又说“我非子，固不知子矣”，又承认了自己不知道庄子。这样，由于自己也违反了在一个论辩过程中，不能对一个论题（话题）既肯定又否定的矛盾律要求，使得惠施自己也陷入了自相矛盾。其次，从认识论角度讲，惠施错误地把本来属于同一物类的“子”与“我”（可以相知）混同于不属于同一物类的“子”与“鱼”（不可以相知），从而也混淆了话题，使自己也陷入了不可知论。

在最后一轮论辩中，庄子继续玩弄诡辩。他反驳惠施说，你曾经说“汝安知鱼乐”，表明你已经认为我知道了鱼之乐，只是问我从哪里知道的（“安知”）。我可以明明白白地告诉你，我是在濠梁之上知道的。这是一种“循辞”，是庄子故意转移话题，并且偷换概念，歪曲了惠施的原意。“安”字在古汉语中，作为代词使用时，有两种含义，一是“哪里”，二是“怎么”。均表示疑问。如《诗·小雅·小弁》：“天之生我，我辰安在？”此处的“安”指“哪里”；《荀子·解蔽》：“彼愚者之定物，以疑决疑，决必不当。夫苟不当，安能无过乎？”此处的“安”指“怎么”。在“濠梁之辩”中，惠施所说的“汝安知鱼乐”是一句反问句，意谓“你怎么知道鱼乐呢”？但庄子显然利用了“安”的这种语义上的歧义性，似乎漫不经心地用偷换概念的手法，将惠施所说的“你怎么知道鱼乐”偷换成“你从哪里知道鱼乐”。亦即将惠施所说的“安知”的“安”（怎么）偷换成“安”（哪里），把所问的问题疑问偷换成了地点疑问。于是，原来惠施的反问句似乎包含了肯定庄子知道鱼之乐的肯定句了。庄子自然可以大大方方地回答“我知之濠上也”。在这里，庄子的诡辩违反了在一个论辩过程中“使用概念必须同一”的同一律要求。

应该说，这种曲解式的“偷梁换柱”还具有一些“说理”的成分。相比之下，如今的一些“偷梁换柱”简直就是赤裸裸的胡搅蛮缠了：

“你们家能不能不在深更半夜打麻将？吵得人睡不着觉。”

“你们家孩子能不能不在深更半夜哭？也吵得人睡不着觉。还有你们家厕所的水管流水声老大，你们家能不能把厕所关上？”

这种诡辩，不仅是缺乏社会公德的表现，不仅是违反逻辑要求的表现，同时还是一种“诉诸恶”的表现了。

牵强附会
——“论据与论题不相干”的“推不出”诡辩

“牵强附会”是指，把不相干的事物强联系到一块。在诡辩手法上，它是一种“论据与论题不相干”的“推不出”。

所谓“论据与论题不相干”是指，在一个论证中，理由尽管是真实的，但与结论之间没有必然联系。

有个宋国人叫澄子。一天他丢了一件黑棉袄，于是便上街去寻找。看见有位妇女穿着一件黑棉袄，他便揪住不放，说：“今天我丢了一件黑棉袄。”那位妇女惊讶地说：“你虽然丢了一件黑棉袄，但我这件黑棉袄的确是我自己做的呀。”澄子说：“你还不赶快把这件黑棉袄还给我？我丢的黑棉袄是绸子做的，你这件是布做的，拿布做的当绸子做的，还不便宜你了？”

“因为我丢了一件黑棉袄，所以你这件黑棉袄就是我的”，这种思维方式，显然是“因为什么就如何”的因果联系，而这种杜撰出来的因果联系，恰是“论据与论题不相干”。

之所以出现不相关谬误，原因是在它的论证过程中，这种相关只是心理上的，而非逻辑上的。

如前所述，所有的论证都是由论题、论据和论证方式三部分组成的。论题是论证中它的真实性或虚假性需要确定的判断；论据是用来确定论题的真实性或虚假性的已知为真的判断，它是一个论证的根据；论证方式是论题与论据之间的联系方式。

一个完整的论证，不仅要有论题和论据，而且论题和论据之间还必须要有逻辑联系，这样才能以真实的论据确定论题的真或假。而这些正是充足理由律的基本内容和逻辑要求：在论证过程中，任何一个诊断被确定为真的，必须要具有充足理由；理由必须真实，理由与推断之间要有必然的联系。违反充足理由律的这两条要求，就要犯“虚假理由”的错误和“推不出”的错误。

这是因为，在一个论证过程中，论据与论题之间没有必然联系，论据不是论题成立的充足理由，自然也就不能从论据推出或证明论题了。又由于任何一个论证，都是推理形式的综合运用，因此，所谓论题和论据之间的逻辑联系，就是指论证必须符合各种推理形式的逻辑规则。

上述的这种“因为什么就如何”的“论据与论题不相干”，表现在人们的沟通交际中，实际上就是以非论证的表述来取代论证，但这种表述与论证毫不相干，属于“不相干谬误”。这是最常见的语用谬误。如果是故意以非论证的形式取代沟通语境中应具有的论证，则就是论辩了。

如战国时期楚国的宋玉曾写有一篇《登徒子好色赋》：

大夫登徒子侍于楚王，短宋玉曰：“玉为人体貌闲丽，口多微辞，又性好色。愿王勿与出入后宫。”

王以登徒子之言问宋玉。

玉曰：“体貌闲丽，所受于天也；口多微辞，所学于师也；至于好色，臣无有也。”

王曰：“子不好色，亦有说乎？有说则止，无说则退。”

玉曰："天下之佳人莫若楚国，楚国之丽者莫若臣里，臣里之美者莫如臣东家之子，增之一分则太长，减之一分则太短；着粉则太白，施朱则太赤；眉如翠羽，肌如白雪，腰如束素，齿如含贝，嫣然一笑，惑阳城，迷下蔡。然此女的登墙窥臣三年，至今未许也。登徒子则不然：其妻蓬头挛耳，齞唇历齿，旁行踽偻，又疥且痔。登徒子悦之，使有五子。王孰察之，谁为好色者矣？"

宋玉的这种"因为什么就如何"的因果联系，显然是诡辩者"挤牙膏皮"式的杰作。

因为，在他的论证中，如果从他视"增之一分太肥，减之一分太瘦"的美色而不见，还可以勉强推出他"不好色"的结论。但是，尽管登徒子与其"蓬头挛耳，齞唇历齿"，又瘸又拐，还满身疮疥的妻子共生有五个孩子的陈述是真实的，可这与登徒子好色的结论之间却毫无任何逻辑联系。宋玉把这种真实的论据和诡辩的论题强捏在一块，是基于如下的因果句：

因为不弃丑妻，所以就是好色。

我们可以将其还原为一个假言推理的形式：

如果不弃丑妻，那么就是好色。不弃丑妻，所以好色。

显然，这个假言推理的大前提的因果联系是不成立的。宋玉想当然地捏造了这种"因为什么就如何"的因果关系，其诡辩手法昭然若揭。

按现实的表现，与那些见异思迁、喜新厌旧的人相比，与其说登徒子好色，毋宁说登徒子是模范婚姻的表率。

这种牵强附会的"因为什么就如何"诡辩，在现实生活中并不鲜见。

报载某贪官为自己被黑社会腐化的行为辩解："被黑社会腐化实属无奈。"理由是，"因为大权在握，所以身不由己"。

某贪官收受贿赂，东窗事发。检察机关经过仔细调查，终于弄清楚了贪官的受贿金额。但贪官拒不承认，并愤愤地说："不错，别人是送了我50万元，但都是假币，应视为无效货币，所以不能说我受贿。"

因为大权在握，所以身不由己？因为接受的是假币，所以就不是受贿？这种刺耳的声音，倒应了黑格尔的一句评价："世界上一切腐败的事物都可以为它的腐败说出好的理由。"[1]

对于此类的诡辩，我们可以采用截断关系法来进行反驳。如有个搞财会工作的人，为了掩饰自己所犯的经济问题，说："常在河边走，哪能不湿鞋。"对比，我们就既可以从逻辑上指出"常在河边走"与"湿鞋"之间并无必然的逻辑联系，也可以举出一个在"常在河边走"但没有"湿鞋"的例证，从而也从逻辑形式上进行反驳。这种形式上的反驳，就是对一个充分条件句的否定。即：

诡辩：如果在河边走，那就得湿鞋（$p \rightarrow q$）。

反驳：在河边走了，但没有湿鞋（$p \wedge \neg q$）。

即：并非（$p \rightarrow q$）等值于（$p \wedge \neg q$）。

如果说上述牵强附会的诡辩让人好笑的话，那么下述的牵强附会诡辩就让人愤慨了。

某市有个人为制止歹徒盗窃某商店而被刺身亡，后被追授为"见义勇为先进分子"。英雄的壮举得到了社会的肯定，但当英雄的妻子将这家商店告

[1] 黑格尔：《小逻辑》，第263页。

上法庭，索赔安葬费、子女抚养费、精神损失费时，非议就来了："见义勇为是一种崇高的行为，不能让金钱来玷污。"

英雄的名号可以永存，但英雄的名号却永远不是货币。英雄家属的"开门七件事"，仍然需要最现实的经济补偿。这对整个社会来说，也能促进见义勇为等良好社会风尚的形成。"因为要求合理的索赔或接受补偿，就玷污了见义勇为的行为"，这种把经济补偿与"不崇高"硬扯到一起的"崇高论"，要么是不食人间烟火的神仙腔调，要么是牵强附会的诡辩。我们实在不能再在这种云里雾里的"崇高论"下，让英雄流血后再让英雄的家属流泪了。

众口铄金
——“以人为据”的“推不出”诡辩

老子曾经说过：“天之道，不争而善胜。”然而，认识难免有误区，传播难免有讹伪，往往是“谎话说一千遍便成了‘真理’”，从而使人们把原本错误的东西认为是千真万确的真理，造成谬误流传。如《战国策》有则故事：

庞恭与太子质于邯郸，谓魏王曰：“今一人言市(集市)有虎，王信之乎？”曰：“否。”“二人言市有虎，王信之乎？”王曰：“寡人疑之矣。”“三人言市有虎，王信之乎？”王曰：“寡人信之。”庞恭曰：“夫市之无虎明矣，然而三人言而成虎。”

对于这种“三人成虎”的混淆视听，古人早就说过：“古人有言，众口铄金，三人成虎，不可不察也。”（《邓析子·转辞》）

众口铄金本意为，众口一词，足以使金属熔化。也比喻人多嘴杂，能混淆是非。用在诡辩手法上，则指以人为据的“推不出”诡辩。

所谓“以人为据”是指，仅仅以一些人的言行为根据，对某一论点或者肯定或者否定，却并没有考虑他们的言行是否符合客观实际。这种谬误也是“不相关”谬误，属于非形式谬误。

在现实生活中，“以人为据”的谬误不胜枚举，并且有一些“以人为据”的实质是以“大家认为”来代替逻辑的论证，用以攻击某人的个人品质。这就是众口铄金的诡辩了。

一位老师，因自己班上丢了东西，又一时查不了是谁偷的，竟荒唐地让全班同学投票“选小偷”。当被“选举”出来的同学问有什么证据时，这位老师竟摇晃着那一叠“选票”说：“大家选你，你就是小偷。”

某次“丢东西”只是一次独立的事件，就算某个人以往有过“偷东西”的经历，但他以往的经历与这一次“丢东西”之间却没有必然的联系。因为经验中的因果联系充其量只是一种“可能”，但这种“诉诸公众”的“共识”，显然是以“人”本身作为其谁的唯一根据，从而把本不必然的“可能”联系当作“确凿的证据”，将毫不相关的两件事情扯在一起，并以此“因人而纳言”“因人而废言”。

遗憾的是，现实生活中还有许多类似于“选小偷”的事例。像什么“选最差公务员”“选劣迹人”“选最差老师”等事例，屡屡见于报端。更有甚者，据某节目中的一个案例，某地的一个法官就曾言之凿凿地以“大家的共识”为据，将一个无罪的人定了罪。这些冠冕堂皇的举措和言行，无疑不是“选小偷”的翻版。

其实，一个“选”字并无多少特殊功能。但它却有着不容亵渎的严肃性，这种严肃性就体现在“选”的过程中的对所有相关事件的认可。如果只是为了交差，或为了对某件独立的事件有个交代，就滥用“选”字，无疑是对事物因果联系的漠视，无一不是在众口铄金之下，拿人的尊严开玩笑。

假虎张威
——“滥用权威”的“推不出”诡辩

“假虎张威”是指，借别人或自己的声威恫吓他人。用在诡辩手法上，则是在论证中，不是去分析论题本身是否正确，不是以真实、科学的论据去论证论题，而是利用自己的权力或不加分析地援引别人的权威，将之当成“永恒的真理”，以此有意颠倒黑白、混淆是非地“滥用权威”。

最为恶劣的“假虎张威”诡辩，应该说是《史记·秦始皇本纪》所记载的赵高“指鹿为马”了：

赵高欲为乱，恐群臣不听，乃先设验，持鹿献于二世，曰：“马也。”二世笑曰：“丞相误邪？谓鹿为马。”问左右，左右或默，或言马以阿顺赵高。

我们在第二部分“1+1 等于几”一节中，曾讲过一位中世纪经院哲学家的辩解，他面对眼前事实，仍然要说：“假如亚里士多德的著作里没有说神经是从心脏中产生出来的，那我一定会承认这是真理了。”真可谓熟视无睹。

至于其他现代“假虎张威”式的诡辩或谬误，许多人也是有所体会的。其中既有“假他人之威”的，也有“假自己之威”的。

例如在一些地方，有些人徇私舞弊的根据，是“领导发话了”。这种不要原则、不要责任的“假领导之威”，严重地毒化了党风和社会风气。

又如，在当今，作为社会公众人物的明星和作为社会喉舌的媒体，在某种意义上也具有权威的意义。如何使用好这个权威身份，也是他们应该思考的问题，否则会以自己的行为误导老百姓。而 2005 年 5 月 27 日，北京市工商、卫生等多部门为了联手打击虚假言行，就宣布今后影视明星在保健食品、药品、化妆品和医疗广告中以消费者、患者、专家的身份，向受众推荐商品服务或者介绍商品服务的优点、特点、性能、效果等均将被列为商业欺诈行为重点打击。同时，还将重点查处以新闻报道形式发布的广告，并首次明确提出，发布虚假广告问题突出的新闻媒体，将被责令改正。

又如，我们前述“选小偷”的思维方式之所以能够得逞，除“以人为据”外，更严重的则是最后判定者的“我说这是根据就是根据”的“假自己之威”。如果他不具有一定的权力并且滥用了这种权力，他能够“我说这是根据就是根据”吗？这与当前许多单位领导的那种“没什么好商量的”的话语殊途同归，都是一些人滥用了权力所赋予自己的权威所进行的“假虎张威”式的诡辩。至于问题的真假是非之根据，一切以自己的意愿为转移，用不着讨论或无须讨论。对于这种官僚主义作风，老百姓是深恶痛绝的。

恶言泼语
——"诉诸他恶"的"推不出"诡辩

"恶言泼语"是指，用恶毒、蛮横的话语胡搅蛮缠、撒泼耍赖、无理取闹。用在诡辩手法上，则是诉诸他恶的人身攻击。亦即，在论辩中不是以摆事实讲道理的方法论证论题，而是离开论题本身，无理攻击对方的个人品质。这种诡辩手法的实质，是以不道德的论证手段，取代正常的逻辑论证，以便使自己在论辩中哗众取宠地借此得利或乘乱逃遁。

黑格尔曾讲过一个故事：

市场有个女商贩在卖鸡蛋。一位女顾客挑选之后说："你卖的鸡蛋是臭的呀！"这句话使女商贩大动肝火："什么？我的鸡蛋是臭的？你自己才臭呢……你爸爸吃了虱子，你妈妈跟法国人相好……你的帽子和漂亮的衣裳大概也是用床单做的吧？除了军官们的情人，是不会像你这样靠穿着打扮来出风头的……"

市场女商贩的狡辩，可谓锋芒毕露，至于这些人身攻击的"论据""理由"与自己所卖鸡蛋质量的联系是什么，一点也看不出来。

其实，黑格尔笔下的这个市场女商贩在现实生活中也并非没有，个别摊贩在顾客提出"东西太贵"的质疑时，不是解释自己所卖的东西为什么是这个价钱，而是以不屑一顾的语气说：“你能不能买得起，买不起，就找便宜的去！”这种可恨的话语，同那个市场女商贩一样，都是恶言泼语的诉诸他恶的诡辩。

我们在第一部分“笨嘴笨舌的苦恼”一节中，曾举出“你做还不如他呢”。这样的话的潜在意义还在于：“你有什么资格？”因此，这种诡辩既是胡搅蛮缠的诡辩，也是诉诸他恶的人身攻击诡辩。

应该说，“诉诸他恶”的人身攻击是一种以攻为守的诡辩伎俩，转移人们的注意力，达到混淆黑白的目的。但由于这种诡辩手法有时会在论辩中给对方造成很大的心理压力，因此，对付这种诡辩，恐怕光讲逻辑不行，还需要气充志定、气沉丹田的良好心态。否则，我们只能气冲斗牛、气急败坏、气生气死了。

借风使船
——“诉诸感情”的“推不出”诡辩

“借风使船”比喻借助外力来达到自己的目的。用在逻辑论证中，则指以激动的感情取代合乎逻辑论证的“诉诸感情”的“推不出”。

由于“诉诸感情”往往情辞难却，能够利用公众心理转移视线，所以常常能够迷惑一些人。如果在“诉诸感情”中使用了煽动性的言辞，则至少是一种谬误。

在各种诉讼中，诉诸感情也常是辩护的一种手法，“我上有老下有小”，“我不懂法”等。我们还可以将其称作“诉诸怜悯”“诉诸无知”。但法律保证的是社会公平，“不懂法”不是犯罪的理由，也不意味着法律对其无效；“上有老，下有小”也不是犯罪的理由，“令人同情”显然也构不成赦免的要件。法院最终判决的根据依然是“以事实为依据，以法律为准绳”。

某商人酒后开车，因汽车的倒车镜将一行人刮碰，某与这位行人发生争执、撕扯。这位行人跑开后，某开车紧追不舍，直至将这位行人撞死。在法庭审理中，被告的辩护人就强调某一贯表现较好，对当地的经济发展及社会公益事业做出了一定的贡献，并且此次犯罪属初犯，无前科劣迹等，要求从轻处罚。但是，这些感情色彩浓厚的辩护，尽管属实，却不能构成从轻处罚的要件，最后法院还是以故意杀人罪一审判处某死刑，使之“出礼则入刑”。

在现实生活中，还有一种“诉诸无敌”，也是以无敌为论据证明着什么。这样的论证，说不上是故意的诡辩还是无意的谬误。

例如，有些人非常坚定地相信有外星人存在，理由是：“论证能证明外星人不存在？”听了这话，我们想起了早在中世纪，欧洲神学家在论证上帝存在时，其根据就是“你能证明上帝不存在吗”？

生拉硬扯
——不当类比的诡辩

“生拉硬扯”指硬把没有联系的事物勉强拉在一起。用在诡辩手法上，则是把对象间的偶然相似或表面相似作为根据或者把实质上不同的两类对象生拉硬扯进行不当类比。

《吕氏春秋·不屈》篇中还有这么一则论辩：

白圭刚与惠施相见，惠施就用如何使国家强大来开导他，白圭无话回答。惠施出去以后，白圭对别人说：“新媳妇刚到婆家，应该安稳持重，微视慢行，但有个新媳妇刚到婆家，见童仆拿的火把烧得太旺，就说：‘火把太旺。’进了门，见门里有坎陷，就又说：‘填上它。不然要伤人的脚。’这对于她的夫家不是没有利，只是太过分了些。如今惠施刚刚见到我，他对我的劝导也太过分了些。”接下来惠施知道了这些话以后，就又说：“不对。《诗经》上说：‘恺悌君子，民之父母。’恺是大的意思，悌是长的意思。君子的品德，高尚盛大的，就可以成为百姓的父母。父母教育孩子，哪里要等好久呢？为什么要把我比作新媳妇呢？《诗经》上难道说过‘恺悌新媳妇吗’？”

从古到今，当人们在和别人讲述一个道理或听别人讲述一个道理时，常常会出现“这件事情就像某某事情”的说法。于是，一个较为抽象的道理就触类旁通，变得通俗易懂了。这种思维方法就是人际沟通中广泛使用的类比方法，它是根据两个或两类事物在某些属性上的相同或相似，进而推出它们在其他属性上也相同或相似的推理。它是一个启发过程、激活与比较的过程、重新组合的过程。

由于类比方法有由此及彼、由浅入深地发现问题、认识问题、解决问题的功能，所以它既是一种发现、认识的方法，又是一种说明、说理的方法。不过，又由于类比方法具有从个别到个别、从类到类的特征，它的结论范围超出了前提所断定的范围，所以它的结论性质仅指明，类比对象之间在某些属性上具有相似性、或然性，并不具有必然性。

正是由于类比方法的结论性质有这样的逻辑特征，所以，尽管类比方法是人际沟通中最为常用的一种思维方法，可从古到今，人们又常对一些类比感到困惑，这也是不争的事实。

例如，当我们听到"外科手术大夫像屠夫"时，总觉得有些别扭。而当我们反过来说"屠夫像外科手术大夫"时，也一定认为有些不大对头。

又如，为了论证娱乐场所的"安全套行动"[1]，有人这样类比："就像开车系安全带，并不是鼓励肇事。同样，（在娱乐场所）推广使用安全套，并不是鼓励卖淫嫖娼。"这也不能说是一个成功的贴切类比。

又如，某同学在一次"我还是我"的讲演中，当众把一张崭新的人民币使劲地揉搓了几下后又铺展开，然后说："我就像这张纸币，虽然历尽生活揉搓，但我还是我。"类比讲得不可谓不好，但在这个类比之后，纸币还是纸币，但他却不是他了。因为在这个类比中，除了有一些相似性外，更重要的是还有一些被遗漏掉的信息——《中华人民共和国人民币管理条例》中的

[1] 参见《每日新报》，2002 年 12 月 1 日第 17 版。

有关规定。而这些信息，恰好就是这个类比不能成立的相异性。

因此，在现实的人际沟通中，类比方法的运用存在着是否言之可信、是否贴切中肯的问题。

在白圭与惠施的论辩中，就算白圭的“新媳妇”之“比”，与惠施的言行相似，但这种相似是否贴切中肯？是否忽视了其他相异的地方？需要质疑。而惠施的“老子”之“比”，虽然也不能说没有相似性，但也忽视了其他相异的地方，因此这种相似性的类比恐怕就更需要质疑了。因为在“新媳妇”与惠施的言行之间，以及在“老子”与惠施自己的言行之间，除了相似性外，我们可以罗列出更多的相异处。

如“新媳妇”在一过门之后，便有了居家过日子的责任了；在古代封建社会“君君、臣臣、父父、子子”的等级秩序下，“父亲”与“儿子”事实上存在着不平等。无视这些相异性，一味寻求相似性，就算类比成立，也只能使谁也不愉快。难怪后人评价白圭与惠施的论辩，是“用污秽责难污秽，用邪僻责难邪僻，这就使责难的人与被责难的人相同了”。

任何事物都可能具有某种相似点。虽然相似性是类比的生命，但有了相似点却并不意味着两个事物之间就必然可以类比。类比的过程是一个整合多重信息源以重新建构的过程。在这个过程中，由于类比的逻辑根据只是“相似”，而一味注意两类事物的“相似”时，有可能忽视了它们之间相异的属性，而这些相异性也许就是它们之间不能进行类比的根据，如不管不顾这些相异的属性，则可能使一些类比非常勉强，或者是情绪化的“强比”。这样的类比就有可能同白圭与惠施的类比一样，成为诡辩了。

如，有人认为，网婚是一种“存在即合理”的娱乐，它就像一所婚恋学校，在这个模拟现实社会的虚拟空间里，人们可以通过扮演不同的角色，或者实习、体验婚姻生活，有滋有味地居家过日子，直至生儿育女；或者光明正大地放纵自我，宣泄对偶像崇拜的感情。

评价这个类比，我们可以提出几个问题：第一，现实存在的是否就一定合理？第二，感情是娱乐的吗？第三，“网婚”与学校是否可比？

首先，现实存在的不一定合理。腐败是现实存在，它合理吗？黑格尔曾指出，说现实的东西是合理的，并不意味着现存的一切事物都是现实的，因而都是合理的。他说：“在日常生活中，任何幻想、错误、罪恶以及一切坏东西，一切腐败幻灭的存在，尽管人们都随便把它们叫作现实，但是，在平常的感觉中，也会觉得一个偶然的存在不配享受现实的美名。因为所谓偶然的存在，只是一个没有什么价值的、可能的存在，亦即可有可无的东西。”[1]在他看来，只有符合历史发展规律的才是真正“现实的东西”：“下定决心在它的开展中表明它自己是必然性。”[2]

因此，按照黑格尔的观点，说现实的东西都是合理的，并不意味着现实的东西就绝对地符合理性，都是好东西。随着法制建设和德治建设的进一步深化，虽然类似腐败等“甚至坏的和不真的东西之所以存在，也不是因为它们的某些方面多少符合于它们的概念”，但我们相信，“那彻底的坏东西或概念相矛盾的东西，因此即是自己走向毁灭的东西”[3]。

其次，婚姻是以感情为基础的。在向理想的婚姻迈进的过程中，最重要的前提是真诚的沟通与交流。而“网婚”处在虚拟与现实之间，是以“娱乐”的方式之一面世的。因此，一开始便决定了它的虚假性。习惯了“网婚”的感觉，既浪费感情，也容易让人丧失理智（尤其是少男少女）。而虚幻的“柏拉图式的恋情”一旦“假亦真时真亦假”，这种“成人童话”对精神和生理上的

[1] 黑格尔：《小逻辑》，第 44 页。

[2] 黑格尔：《法哲学原理》，商务印书馆 1961 年版，第 280 页。

[3] 黑格尔：《小逻辑》，第 399 页。

短暂刺激就会变成心灵上的创伤。再有，虚拟的“网婚”也有悖于社会伦理，如一对夫妻可以分别网婚；老年人与少年人可以网婚；母子、父女可以网婚。这不是浪费感情是什么？这不是在游戏人生是什么？问题还在于，一是这种虚拟的游戏能维持多久？二是能否保证不出格？三是在网上实习，真实吗？回不回到现实中来？一旦回到现实中来，又将怎样对待现实的婚姻？

再次，学校是学知识、学做人的地方，在这里需要真诚的态度，需要付出艰辛的努力；而虚拟的“网婚”由于它的令人怀疑的“合理性”；由于它预设的虚假性；由于它的游戏人生，决定了现实的学校与这种画饼充饥式的“网婚”之间，存在着不胜枚举的不相同之处，因此，两者之间不具有可类比的因素。

类似的类比还有“闪婚”。当你喜欢橱窗里的一件心爱的衣服，却嫌它太贵而离去，当你做梦都梦到这件衣服，匆匆再去那家商店时，却被告知昨天就卖完了，你会多么遗憾。“闪婚”的道理一样，人生最遗憾的莫过于与爱擦肩而过，比喻得生动。但“喜欢一件衣服而赶快买下”与“爱一个人赶快结婚”，能够等同吗？快餐式的“闪婚”会不会让人撑着？

虽然黑格尔曾说过：“类推可说是理性的本能。”但他同时又认为，“但须知类推可能很肤浅，也可能很深澈。”对于那些忽视事物的相异性，只依据表面现象就做出推论的“很坏的类推”，黑格尔认为是徒有空疏的类推的外在形式，实际上却只是一种无聊的把戏而已。“网婚”的类比，实际上就是黑格尔所说的“无聊的把戏”。

类比的客观基础是对认识对象之间相似性的发展，并由此及彼地迁移相似点或相似关系。因此，相似性并且由此产生的可比性是类比的生命所在。通过质疑、评价上述这些无相关性的不当类比，给我们昭示出三个互相联系的类比原则：

第一，在类推中，所比事物之间的相似性，应该越是本质联系越好。

第二，在寻找具有“同情”“同理”的“相似”过程中，我们不但要“知类”，更重要的是还要“明故（理由）”，即这种相关性的根据是什么。

第三，在类比的两个事物中，有无相异性，有无遗漏的信息。

如下有一则中国的故事新编“曹操的尴尬”，另一则外国的故事新编，读者可以自己分析其类比有无问题。

曹操和刘备青梅煮酒论英雄。席间，曹操一句“今天下英雄，唯使君与操耳”，吓得韬光养晦的刘备把筷子都掉落在地上。曹操问何以掉落筷子，刘备回答说：“被刚才天上打的响雷吓了一跳。”说完，刘备弯身拾筷子时，突然放了一个屁，十分尴尬。正窘迫时，只听身后赵云坦然说道：“诸位莫要见怪。天上打雷，屁从云中来。”赵云话音刚落，一旁的关羽跨前一步说：“诸位莫见怪，屁从雨中来。”关羽刚刚说完，张飞又朗声嚷道：“方才一响屁，屁是飞来的。”大家一阵哈哈大笑。解了刘备的尴尬。

曹操对此事很有感触。送走刘备后，他对部下说：“刘备的属下，一见主公有个闪失，都争先恐后地抢着承担和弥补。真可谓忠心耿耿。此事要轮到你们，能够办到吗？”曹操的部下都深感委屈。只听典韦大叫：“不就是个屁事？有什么难的？”许褚也说道：“这哪里比得上我沙场冲杀？”

过了几天，曹操又请刘备喝酒。席间，曹操故意放了一个屁，想看看自己的部下如何。“屁是猪放的。”大将许褚抢先一步。“屁是颠出来的。”大将典韦也不甘示弱。“屁是晃出来的。”徐晃则唯恐落后。“不对！都不对！”望着早已脸色发紫的曹操，谋士郭图仍然不知好歹：“屁是吐出来的！”曹操拂袖而去。

一天，一个女裁缝坐在河边缝纫时，她的顶针落入了水中。

她哭泣起来。上帝出现在她面前，问道："你为什么哭？"

女裁缝答道："我的顶针落入水中了，而我要靠这枚顶针谋生。"

上帝进入水中，然后带着一枚金顶针重新出现，问道："这是你的顶针吗？"

女裁缝答道："不是。"

上帝再次下水，拿出来一枚银顶针，问道："这是你的顶针吗？"

女裁缝再次答道："不是。"

上帝又一次下水，拿出来一枚木顶针，问道："这是你的顶针吗？"

女裁缝答道："是的。"

上帝很欣赏女裁缝的诚实，于是把三枚顶针都交给了她。女裁缝高兴地回家了。

过了一段时间，女裁缝和丈夫在河边散步，她的丈夫落水了。

她哭泣起来。上帝再次出现，问道："你为什么哭？"

"主啊，我的丈夫落水了。"

上帝进入水中，然后带着梅尔·吉普森上来。"这是你的丈夫吗？"

"是的！"女裁缝回答。

上帝非常愤怒："你撒谎！这是假话！"

女裁缝答道："主啊，请宽恕我。这是个误会。要知道，如果我拒绝了梅尔·吉普森，您会带着汤姆·克鲁斯上来。如果我也拒绝了他，您才会带来我的丈夫。如果我表示同意，您会把三个人都给我。主啊，我是一个穷女人，无法照顾三个丈夫，所以我只能接受梅尔·吉普森。"

轻动干戈
——轻率概括的诡辩

“轻动干戈”是指，轻率地运用武器，挑起战争。用在诡辩手法上则指对某种言行的故意以偏概全、轻率概括。

“男人没一个好东西”；“女人没一个好东西”。

这是夫妻间偶尔“不愉快”时最常用的一句“台词”。但这句“台词”却是简单枚举法的不当使用。

简单枚举法是从一些经验事实的不断重复出一个普遍性结论的推理。但是，如果在论证中，所考察的事物对象极少，或是所考察的不是事物的本质属性，便贸然做出结论，就要犯轻率概括的逻辑错误。

英国哲学家罗素曾有一个关于归纳主义者火鸡的故事：

有一只火鸡发现，第一天上午9点钟的时候，主人来给它喂食。但作为一个卓越的归纳主义者，这个火鸡没有马上做出结论。它一直观察在不同的情况下，比如，晴天、阴天、雨天、雪天，从星期一到星期日……主人都准时在上午9点钟来给它喂食。等到它收集到足够多的材料时，归纳主义的良心使它最终得出一个一般性结论：“主人每天上午9点钟来给我喂食。”但是，在圣诞节的上午9点钟，主人来把它杀了。

火鸡辛辛苦苦通过归纳概括出来的结论被无情地推翻了。

这个故事所说明的问题是，无论归纳了多少不同场合的各种事例，归纳推理的结论始终是或然性的。只要出现一个反例，它的一般性结论即告结束。因此，在运用简单枚举法时，为了使结论的可靠程度高，就必须注意：第一，枚举的对象要尽可能地多；第二，所考察的事物属性应该是事物的本质属性。

如果这种“轻率概括”是有意的，就是诡辩了。如据《论衡·物势》载：

寅，木也；其禽，虎也。戌，土也；其禽，犬也。丑，未，亦土也，丑禽，牛；未禽，羊也。木胜土，故犬与牛羊为虎所服也。亥，水也；其禽，豕也。巳，火也；其禽，蛇也。子，亦水也；其禽，鼠也。午，亦火也，其禽，马也。水胜火，故豕食蛇；火为水所害，故马食鼠屎而腹胀。

产生于西周武王时代的“五行”思想，至战国时期演变为“五行相生相克”的理论。“相生”意味着相互促进，如木生火，火生土，土生金，金生水，水生木等；“相克”意味着相互排斥，如水胜火，火胜金，金胜木，木胜土，土胜水等。这些认识在早期富有相互的唯物论和自发的辩证法因素，它对中国古代的天文历法、中医学的发展，起了一定的促进作用。但在汉代，汉儒们以“十二支”与“五行”相配，只从几个经验事实出发，就炮制出了上述这种“十二生肖相胜”的理论。他们希冀从这种具有神秘主义目的论的理论出发，继而得出万物结构上天来安排的结论。这显然与那种“上帝造出猫来就是为了让它们吃老鼠”的西方先验目的论有异曲同工之“妙”，均为“轻率概括”的诡辩。

对此诡辩，汉代思想家王充批判说：

审如论者之言，含血之虫，亦有不相胜之效。午，马也；子，鼠也；酉，鸡也；卯，兔也。水胜火，鼠何（何以，下同）不逐马？金胜木，鸡何不啄兔？亥，豕也；未，羊也；丑，牛也。土胜水，牛羊何不杀豕？巳，蛇也；申，猴也。火胜金，蛇何不食猕猴？猕猴者，畏鼠也；啮猕猴者，犬也。鼠，水；猕猴，金也。水不胜金，猕猴何故畏鼠也。戌，土也；申，猴也。土不胜金，猴何故畏犬？（按十二生肖，缺龙）（《论衡·物势》）

在这个反驳中，王充以赏识上的效验，通过“亦有不相胜之效”的证伪，直接提出了反例，破斥了“十二生肖相胜”的轻率概括的荒谬。我们将其整理如下：

（1）水胜火：

亥猪（水）食巳蛇（火）(汉儒“水胜火”论点的论据）。

午马（火）食子鼠（水）屎百腹胀（汉儒“火为水所害”论点的论据）。

子鼠（水）应逐午马（火）（根据汉儒“水胜火”论点同类相推）。

申猴（金）无须畏惧子鼠（水）(王充根据汉儒“水不胜金”论点同类相推）。

（2）火胜金：

巳蛇（火）应吃申猴（金）（根据汉儒“火胜金”论点同类相推）。

（3）金胜木：

酉鸡（金）应啄卯兔（木）（根据汉儒“金胜木”论点同类相推）。

（4）木胜土：

寅虎（木）慑服戌狗（土）、丑牛（土）、未羊（土）（汉儒“木胜土”论点的论据）。

（5）土胜水：

丑牛(土)、未羊(土)应吃亥猪(水)(根据汉儒“土胜水”论点同类相推)。

申猴（金）无须畏惧戌狗（土），因为戌狗（土）不吃申猴（金）（王充根据汉儒“土不胜金”论点同类相推）。

但是：

子鼠（水）并未逐午马（火）（王充对汉儒“水胜火”论点的证伪）。

申猴（金）畏惧子鼠（水）(王充对汉儒“水不胜金”论点的证伪）。

巳蛇（火）并未吃申猴（金）（王充对汉儒“火胜金”论点的证伪）。

酉鸡（金）并未啄卯兔（木）（王充对汉儒“金胜木”论点的证伪）。

丑牛（土）、未羊（土）并未吃亥猪（水）（王充对汉儒“土胜水”论点的证伪）。

申猴（金）畏惧戌狗（土），因为戌狗（土）吃申猴（金）（王充对汉儒“土不胜金”论点的证伪）。

汉儒们只举出事例便轻率概括出“十二生肖相胜”，王充则顺其类推，再举反例以证伪。这样就破斥了“十二生肖相胜”的诡辩。因此，从思维方法的角度看，对于轻率概括的诡辩，只要提出一个反例就足以使它无所逃遁了。只可惜，王充费尽心思破斥掉的乖谬理论，时至今天仍然谬种流传，不得绝迹，以至于耽误了多少人的美满姻缘。

另外还需说明的是，在破斥轻率概括的过程中，如何举出反例，有其特定的语境。在某些场合，举出反例反而会使沟通情绪极端化。

如对“男人没一个好东西”“女人没一个好东西”的轻率概括，任何人都会立刻想到一个反例：“那你算什么。”不过，这样的反例，至多在心里面嘀咕嘀咕就算了，千万不敢说出来，否则愚蠢莫过焉，只会火上浇油，“轻动干戈”很快就要“大动干戈”了。此时，最好的办法还是左耳进，右耳出，只当吹过一阵风。

树上开花
——虚假预设的诡辩

“树上开花”本是“三十六计”之一，意谓树上本来没有开花，但可以用彩色的绸子剪成花朵粘在树上，使之与真花一样，真假难辨。用在诡辩手法上，则是虚假预设的诡辩。

例如，古希腊有一个著名的提问：“你还打你的父亲吗？”该怎么回答？

任何一个问题的提出，无论提问者的目的是什么，他在提问题之前，总要先在自己的思维中对有关的思维对象做出至少一个判断，疑问就是在这样的基础上提出来的。因此，任何一个问句都可以分为两部分，一是已知部分，二是未知部分。已知部分就是在提出问题之前已经做出的判断，它是隐含在问句之中的；未知部分就是问句所直接提出的疑问，它直接显现在问句中。问句中的这种已知部分，称作“预设”。直白地讲，就是“预先设定”。

在人际沟通中，预设应该是沟通交际双方共同接受的东西，它的最基本的特征是它的共知性。亦即，必须是沟通交际双方所共有的背景或无可争议的信息。所以，预设真实被视为是一个具有实际意义的沟通话语成立的先决条件。我们用“S”表示“某大学是重点大学”，用“非 S”表示“某大学不是重点大学”，用 S’表示“存在有某大学”。当 S 真时 S’真，非 S 真时 S’也真。亦即不管 S 的真或假，都预设了 S’。

这是预设的一个非常重要的逻辑性质，它所表明的是：一个诊断或疑问句的成立必须建立在它的预设有所指（即预设表示的事物存在）也就是说，作为沟通交际过程中双方共同接受的东西，预设的最基本的特征就是它的共知性。

与传统逻辑只是真假二值相比，预设逻辑却包含有真、假、无意义的三个值，是三值逻辑。例如，“鬼脸是绿的”“鬼脸不是绿的”。由于这两句话都预设了“鬼”的存在，但实际上鬼并不存在，所以说这两句话不可能做到一真一假，只能是无意义的。即，只有 S’真，S 和非 S 才有真假；如果 S’假，则 S 和非 S 无意义。

基于这一点，所以当问句中的“预设”是回答者本不具有或不能接受的，却被提问者故意隐含在问句中，就是虚假预设的诡辩，一般又称为“复杂问语”。如上述“你还打你的父亲吗”，就是典型的古典复杂问语。

在这个复杂问语中，回答者所不具有的或不能接受的虚假预设——“你曾经打过你的父亲”，是隐含在问句中的它所具有的极大隐蔽性与迷惑性，使得回答者无论简单地回答“是”与“否”，都将等于承认了这个虚假预设。因此，对于复杂问语，不能简单地回答“是”或“否”，应该明确指出问语中隐藏着的预设是不能接受的。

但在现实生活中，却有着许多隐含有虚假预设的问句。

在某次青年歌手电视大奖赛中，曾考出一道综合素质题：“名列四大名旦中哪一位是女性：梅兰芳、程砚秋、尚小云、荀慧生。”当那位参赛选手“猜”了一个“尚小云”之后，被告知错了，正确答案是“没有女性”。众目睽睽之下，情急的这位选手马上说了一句：“不能这样问问题呀！”但被评议人告之：“问题没错。应回答‘没有女性’，干脆利落。”

应该说，这位参赛选手的质疑是有道理的，它涉及了问题提得是否合理。

当提问者提出“哪一个是”的问题时，他就已经预设了“存在有梅兰芳、程砚秋、尚小云、荀慧生四个人”“梅兰芳、程砚秋、尚小云、荀慧生是四大名旦”“四大名旦中至少有一位是女性”。在这些预设中，“四大名旦中至少有一位是女性”显然是个错误的预设。

为了保证人际沟通的正常进行，任何问句的预设都必须遵守一定的规则：在特定的交际语境中，说话者对听话者说出一句话时，说话者相信这句话所指的事物或事态存在，并且相信听话者也相信这句话所指的事物或事态存在。[1] 对于疑问句，更有逻辑学家提出了一条著名原则：问句有效当且仅当所有预设为真。[2]

这种“相信”的态度所表明的是人际沟通中的合作原则，也正是由于有了这种合作原则，所以，当上述提问者提出了这个包含有自知为假而回答者相信为真的假判断的问题后，参赛选手才会“蒙”了一个“尚小云”来。

从另一个角度讲，预设虚假的问句是没有答案的，因为一旦它有了答案，就势必会认可这个问句中的虚假预设。例如，无论我们回答四大名旦中谁是女性，都将承认“四大名旦中至少有一位女性”的虚假预设。但为什么对上述问题仍然可以得出“没有女性”或“哪一位也不是女性”的回答呢?

实际上，“没有女性”的答案已经不是原来问句的答案了，它是另一个问句“四大名旦中有没有女性”的答案。而这个新的问句只预设了“存在有四个人”“这四个人是四大名旦”。显然，这个问句的预设是真实的。这表明，在人际沟通中，人们有按照回答问题的需要修正不合理问句的思维功能。

至于“哪一位也不是女性”的答案，其实它并不是对原问句的回答，而

[1] 参见周礼全主编：《逻辑——正确思维和成功交际的理论》，第 459 页。

[2] Leonard H.S: *An Introduction to Principles of Right Reason*, New York，1957。

是对原问句的回驳。所谓回驳就是对虚假预设的否定，如对问句“吸烟有什么好处”的回答:“吸烟没什么好处。”这实际上就是指出了问句中的预设——“吸烟有某种好处”的虚假。但从这次青年歌手电视大奖赛的考虑形式看，要求参赛选手回答的，肯定不是回驳。

上述不合理的问句，并非诡辩，但通过对它的分析，可以揭示我们，问句预设的真实性问题对于一个疑问句提得是否有意义、是否合理是至关重要的。因此，为了保证每一个疑问句都能有一个可能的答案，在问题的设计中，我们应该正确理解和使用疑问句，消除存在预设虚假的不合理问句，从而使问题提得合理、准确，保障人际沟通正常有效地进行。对于目前经常进行的一些社会调查问卷、求职面试，如何合理的问句是非常重要的。如果设计得不好，很可能就涉及了个人隐私权。

但如果恶意使用含有虚假预设的问句，就是“树上开花”的诡辩了。

如南京有位刚毕业的女大学生在招聘面试中曾经三次被问到“能喝多少”。虽然招聘单位声称这是考察应聘者“是否具有善于应酬的素质”，同时也“能折射应聘者的性格”。但这个问句显然包含有一个不合时宜的虚假预设。

在现实生活中，还有许多利用虚假预设而下判断的谬误或诡辩。

2006年央视春节晚会上，一曲《吉祥三宝》倾倒全国观众。但后来有关《吉祥三宝》涉嫌抄袭法国电影《蝴蝶》主题曲的传闻不断。网上有一篇报道，称“法国电影《蝴蝶》的导演已经了解到《吉祥三宝》抄袭一事”。据中国版权保护中心法律部律师称，尽管在曲调、节拍、意境、歌词样式以及演唱手法等方面两者有相似之处，但每一句音调都有所不同。因此，音乐作品版权只保护表达方式，例如词曲，但个别的音节相同、相似并不属于抄袭剽窃。表达意境更不在版权保护之列。而且，音乐作品是否侵权，最终要经过国家音乐版权专业机构的鉴定。[1] 因此，是不是抄袭还两说。

又据《吉祥三宝》的创作、演唱者说，《吉祥三宝》早在1994年就创作了，1997年做成磁带，1998年有个法国朋友曾将200盘磁带带回法国发行。而《蝴蝶》2002年才公映。有朋友就开玩笑地对他说："会不会是法国歌曲抄袭了我们的作品呢？"[2] 因此，即使涉嫌抄袭，究竟是谁抄袭谁也还两说。但是，在一切都还不明了的情况下，上述报道就妄下断语："《蝴蝶》的导演已经了解到《吉祥三宝》抄袭一事。"这显然就言之凿凿地预设了"《吉祥三宝》抄袭了《蝴蝶》"。这种抛弃"小心求证"，只是你猜我想的"大胆假设"，会误导读者。追求"亮点"的炒作变味为混淆"涉嫌"概念的虚假预设谬误。

另外，有网友评论：我们不必去深究《吉祥三宝》是否是抄袭，这样动听的歌曲即使是抄袭又有何妨呢？你只要应声入景尽情享受就足够了。显然，这也是没有逻辑的"不管是非"。

而利用虚假预设故意误导的就是诡辩。

[1] 韦让：《〈吉祥三宝〉抄法国〈蝴蝶〉？律师称不算抄袭》，中国新闻网，2006年2月3日。

[2] 陈莉：《〈吉祥三宝〉没有抄袭，11年前创作曾在法国发行》，新浪娱乐，2006年2月6日。

得意忘言
——因果关系的想当然谬误

之所以用这个名字作为标题，是因为笔者曾在一篇文章中使用了一个词语“得意忘言”。这是魏晋玄学家关于“言意之辩”的一个重要论点，意指一旦获得事物之理，即可抛却语言文学。这个观点庄子时代就有了：“筌（竹编的捕鱼工具）者所以在鱼，得鱼而忘筌；蹄（绊住野兽脚的狩猎工具）者所以在兔，得蹄而忘兔；言者所以在意，得意而言”了。想想大概是这位编辑同志不太熟悉中国哲学史的内容，凭经验想到有“得意忘形”的成语。按此逻辑推导，既然已经“忘形”，接下来就该胡说八道了，于是上“得意”而“忘言”。

这种思维过程就是因果关系的想当然谬误。笔者曾从事多年的编辑工作，当年也曾有过不少类似的“想当然”。后由于痛感这种错误是编辑工作的大敌之一，还专门写有一篇文章：《编辑质量与想当然》。

任何事物和现象的产生都有其原因，任何原因都必然引起一定的结果。因此，因果联系是客观世界普遍联系和相互制约的表现形式之一，而思维中的因果联系只不过是客观因果联系的反映。因果关系一方面具有相对性，即一个现象对于某现象来说是结果，但对于另一现象来说又是原因；另一方面，因果关系又具有绝对性，即对因果链条的每个环节来说，原因就是原因，结果就是结果，其因果关系是不容倒置的。但在哲学史上，有些哲学家就以不同形式否定了因果联系的客观性。

如英国哲学家休谟就把因果联系看作是由于人的某种感觉不断重复出现引起的，因果性是人的感觉现象的先后顺序，如心理习惯；如天打雷，就要下雨。德国哲学家康德认为因果联系是人们用来整理感觉经验材料的一种先天知性形式。奥地利经验批判主义创始人马赫干脆宣称，原因和结果是思维的创造物。

哲学家的这些认识，在现实生活中也并不鲜见。人们不也常常为“先有鸡还是先有蛋”而争论不休？之所以会有这种争论，就在于心理上预先就假定了“事物本来就是两种因果关系”。所以体现在分析问题上，往往在心理上先认定某种因果联系，从而或者是强加一种本不具有的因果联系，或者是将某一结果产生的原因作为结果，并将结果作为原因来论证，使因果关系倒置。这样的例子是不不胜枚举的：

甲：“我们的新邻居一定很穷。”

乙：“为什么？”

甲：“昨天，他的孩子吞下一枚五分硬币，他就急得满头大汗。”

这种“胡乱推测的想当然”是只有小前提和结论的省略三段论，我们可以将其补足：

凡是在乎五分硬币的人一定很穷；

新邻居在乎五分硬币；

所以，新邻居一定很穷。

推理形式正确，但被省略的大前提是自己的心理认定。新邻居并不是在乎五分硬币，而是在乎这五分硬币被孩子吞到了肚子里了。所以“在乎五分硬币”与“一定很穷”之间不具有必然的因果联系。

又如：

有一位在动物园工作的人愤愤不平地对妻子说：“太不公平了！昨晚下班我忘了关老虎笼子。就为这么一点小事，我就被开除了。他们也不想想，谁敢去偷老虎？！”

这表现为事物因果关系的颠倒。

有个乞丐常常得到一位好心青年的施舍。一天，乞丐对这个青年说：“先生，我向你请教一个问题。两年前，你每次都给我十块钱，去年减为五块钱，现在只给一块钱了。这究竟是为什么？”青年答道：“两年前我是一个单身汉，去年我结婚了，今年又添了一个小宝宝。为了家用，我只好减少给你的钱。”乞丐听了这话以后很生气：“搞没搞错？你怎么能拿我的钱养活你的老婆娃娃？”

这表现为主客关系的倒置。

一斩犯临杀，谓持刀手曰：“杀便随你杀，只是求你杀在颈项略上些。”刽子手问故，答曰：“我颈上害有一个疖子。若杀在疖子上，岂不更痛？”

这表现为轻重关系的颠倒。

上述例证权且做笑话读，在现实生活中，这样的事例也是可以举出来的。

据说武则天曾经断定，从造字法的根据看，在字形、字义上，中国古代对于“射”和“矮”的解字正好是解反了。想必武则天没有看到《说文解字》，否则，不会如此信口开河地看到“一寸小人儿”就必定是“矮”；看到“委矢”就“射”而无疑。

19 世纪有一位英国改革家说，每一个勤劳的农夫，都至少拥有两头牛，而那些没有牛的，通常是好吃懒做的人。因此，他的改革方式便是国家给每一个没有牛的农夫两头牛。这样，整个国家就没有好吃懒做的人了。

1908 年，清朝 3 岁的宣统皇帝继位，接受文武百官的朝拜，钟鼓齐鸣，三呼万岁，把小皇帝吓得直哭。抱着小皇帝的摄政王安慰小皇帝说：“快完了，快完了。”三年后清朝被辛亥革命推翻，那些遗老遗少都怪罪摄政王，一句“快完了”就把大清江山断送了。

如今，在社会综合能力考试（MBA 考试、MPA 考试、GCT 考试、国家公务员《行政职业能力测验》）中，因果倒置还是一种常见的题型。如果了解了这种因果关系的想当然谬误，我们就可以不慌不忙地应对类似考题了：

“为了使我国早日步入发达国家行列，应该发展私人汽车工业。因为发达国家私人都有汽车。”[1]

[1] 本题有疑，应“大部分私人有汽车”。否则，考生的思路会被误导到“轻率概括”去，从而只考虑在选项中找反例。

一厢情愿
——因果关系的想当然诡辩

据《百喻经》载，有一个愚人偶遇公主，相思成病。亲友告之公主不允，愚人反喜，说：“再往相见，公主必允我。”于此有了“一厢情愿”。它指处理双方有关的事情时，只管自己一方面原意，而不管对方原意与否。比喻办事只从主观愿望出发，不考虑客观条件是否具备。用在论辩上，如果是由于思维不清而一厢情愿，属于“想当然”的思维谬误；如果是故意无视对方愿意与否或条件是否具备，则是自作多情的诡辩了。

例如，有则古代故事：

鲁人有公孙绰者，告人曰：“我能起死人（让死人复生）。”人问其故。对曰：“我固能治偏枯（半身不遂），今吾倍（加倍）所以为偏枯之药，则可以起死人矣。”（《吕氏春秋·别类》）

在这个鲁人的概念里，“死”等于“半身不遂乘以二”。这是把人体看作是其部分的相加。但适用于局部的不定适用于整体，“物多类然而不然，故亡国僇民无已。夫草有莘有藟，独食之则杀人，合而食之则益寿……金柔锡柔，合两柔则为刚。类固不必，可推知也”。（《吕氏春秋·别类》）

鲁人的“一厢情愿”还可以说是谬误，但下列事例就是“一厢情愿”的“想当然”诡辩了。

昆曲《十五贯》中，无锡知县过于执对被害人尤葫芦的养女戌娟说：“看你艳如桃李，岂能无人勾引？年正青春，岂能冷若冰霜？你与奸夫情投意合，自然要生比翼双飞之意。父亲阻拦，因之杀其父而盗其财，此乃人之常情。”这种“因为什么就什么”，是在自己心理上认定某种因果关系的“诉诸武断”。

有位姑娘在公立医院做了整容手术，但手术失败了。为此，这位姑娘将这家医院、施行手术的大夫告上法庭。但在这个官司打了9年后，法庭给了一个最终判决：败诉。而更让这位姑娘无法忍受的是，败诉的理由是如此荒唐：既然你选择了公立医院，怎么能指望得到和昂贵的私立医院一样的手术效果呢？“因为费低所以劣质”，这就是那些法官大人的逻辑。按此逻辑，“费低”也理所当然地可以草菅人命了。

断章取义
——歪曲原意的诡辩

断章取义中的“章”本指《诗经》中诗篇的某一章，意谓，孤立地从《诗经》中截取某一章，按照自己的意思加以解释。后形容引证别人的文章、话语时，不顾原文本义，只取其中合乎自己意思的片段强加解释。即《左传》所说：“赋《诗》断章，余取所求焉。”用在诡辩上，“断章取义”是一种非常恶劣的诡辩手法，它借用别人的话，却又把借用来的话脱离原来的语境，从而使之具有了完全不同的含义，并以此攻击别人。

某商店老板对一位稽查人员说：“我卖的酒没有掺水。要是我的酒掺水，它能这么好喝吗？”这位稽查人员说：“你看，你已经承认你的酒掺水了。”

“断章取义”是一种非常恶劣的诡辩手法，它借用别人的话，却又把借用来的话脱离原来的语境，从而使之具有了完全不同的含义，并以此攻击别人。

自欺欺人
——稻草人的诡辩

稻草人也是诡辩的一种手法，它指在论证过程中，通过把某种对方并不存在的极端事实强加给对方，以此来丑化对方。这就像自己先树立一个稻草人，并自欺欺人地认为，打倒了稻草人就打倒了对方。

例如，在某次商业谈判中，甲方谈判代表对乙方谈判代表说："根据以往贵公司履行合同的情况，有的产品不具备合同规定的要求，使我公司蒙受了损失，希望以后不要再出现类似的情况。"从甲方代表的提问中并没有想对"以往的损失"进行索赔，只是"希望以后不要再出现类似的情况"来看，甲方代表的这种责问显然就是"稻草人"诡辩，其意在于通过"宽宏大量"的"既往不咎"，达到在本次谈判中的讨价还价。而乙方的谈判代表则"不吃这一套"，马上义正词严地反问："在履行合同中出现有不符合要求的产品，按合同规定可以退回或要求赔偿。但贵公司当时既不退回产品，又没有要求赔偿。这究竟是怎么回事？"从而揭穿了对方"稻草人"诡辩的实质。

刹那生灭
——相对主义的诡辩

有句佛家语叫作“芥子须弥”，意谓微小的芥菜子中，能容纳巨大的须弥山。比喻小中也有大。

“祸兮福之所倚，福兮祸之所伏。”“塞翁失马，焉知非福。”这些中国人耳熟能详的语句，也阐明了对立面相互关联和相互转化的辩证思想。

“善战者，攻心为上，攻城为下。”“不战而屈人之兵，善之善者也。上兵伐谋（比谋略），其次伐交（外交斗争），其次伐兵，其下攻城。”（《孙子兵法·谋攻》）这些思想如今更成为管理学中的重要谋略。

中国传统文化中类似这些语句或谋略的思想非常丰富，它们都反映了一种基本思想：“理性在他物中认识到此物，认识到此物中包含着此物的对方。”[1]这些思想都涉及事物的辩证矛盾以及人们如何认识它的辩证思维方法。

辩证矛盾是事物对象自身所包含的对立面的统一关系。它存在于客观现实中，是事物对象本身所固有的。它不是主观错误论断的矛盾，而是客观现实的矛盾，这种现实的辩证矛盾在我们思维中的正确反映，就形成了思维中的辩证认识。

---

[1] 黑格尔：《哲学史讲演录》第1卷，第300页。

逻辑思维方法与辩证思维方法是两种不同的思维方法，虽然它们都属于思维科学，都研究概念、判断、推理等思维形式，从而探索思维规律。但它们的不同之处在于，它们分别从不同的方面研究思维形式，或者说是分别研究不同的思维规律。逻辑思维方法是从各种思维形式本身的特点、结构方面去研究思维规律，以思维的确定性为核令。而辩证思维方法是从思维形式的联系、运动、转化方面研究思维规律的，或者说它所研究的是思维形式的辩证法，以思维的具体性为核心。因此，逻辑矛盾和辩证矛盾是两种性质完全不同的矛盾，前者是指思维中的自相矛盾，违反的是思维规律；后者是事物内部的既对立又统一的矛盾，它包括现实（客观事物）矛盾和正确反映现实矛盾的思维的辩证矛盾，它普遍存在于自然、社会和思维中，是受自然、社会以及思维的最普遍规律——对立统一规律制约的。因此，两者不容相互混淆。

由于辩证思维方法是一种对客观事物辩证矛盾的正确的认识方法，它反映了事物、现象、过程之间相互联系、相互依存、相互制约和相互转化的关系。它把客观事物看作是由无数事物相互联系的统一的整体，每一事物都是其中的一个有机的组成部分，离开与其他事物之间的联系而绝对孤立存在的事物是没有的。因此，辩证思维方法要求人们从事物的普遍联系和运动发展变化的角度来认识客观世界，从事物本身及事物之间各种复杂的矛盾关系中，抓住事物的本质与事物之间的共性，以达到认识和改造客观世界的最终目的。[1]

例如，“夕阳返照桃花坞，柳絮飞来片片红”，就不是逻辑矛盾，而是描述了夕阳晚照、红霞满天时，白色柳絮漫天飞舞的意境。清代学

[1] 参见黄楠森、杨寿堪主编：《新编哲学大辞典》，山西教育出版社 1993 年版，第 1070 ~ 1071 页。

者方以智曾说过：“设教之言唯恐矛盾，而学天地者不妨矛盾。”鲜明地表述了人们对于思维中的矛盾与事物中的矛盾的认识。

但是，这种对于事物矛盾的辩证认识一旦走向极端，就与“人们的思维要正确地反映辩证矛盾，就要全面地反映客观事物中矛盾双方的对立统一关系”的辩证思维方法背道而驰，成为形而上学的思维方法了。

形而上学的思维方法与辩证思维方法对立，它以孤立、静止、片面的认识为特征。这种思维方法认为世界上的一切事物都是彼此孤立、互不联系的；一切事物都是静止不变的，如果有变化，也是数量的增减和场所的变更，没有质变和飞跃。[1] 亦即恩格斯所指出的：“在形而上学者看来，事物及其在思想上的反映，即概念，是孤立的、应当逐个地和分别加以考察的、固定的、僵硬的、一成不变的研究对象。”[2]

在现实生活中，想必大家都有这样的体会：如果想要否定一个正确的东西，那么就把它绝对化好了。这种绝对化的思维方法，就是形而上学的思维方法。它把具有辩证关系的两方的任何一头，强调到了极端和过分的地步。“是就是，非就非，除此之外，都是鬼话。”于是，原本应是活生生的思想，在极端化的绝对肯定或绝对否定中，就有可能成为极端相对主义的诡辩了。

由于这种“是就是，非就非，除此之外，都是鬼话”的主张，是否认事物的内部矛盾，否认事物发展变化的“是什么就永远是什么，不是什么就永远不是什么”的断定，因此，它作为一种世界观、方法论；与只要求判断要确定、不能自相矛盾、不能非此非彼的逻辑思维也不是一回事，也不能相互混淆。

---

[1] 参见黄楠森、杨寿堪主编：《新编哲学大辞典》，第 580 ~ 581 页。

[2] 《马克思恩格斯选集》第 3 卷，第 61 页。

在第一部分的“苏张之口”与“靠舌头过活”两节中，我们曾指也在先秦时代名辩思潮中以及在古希腊的哲学论争中产生了许多著名的诡辩命题。这些命题大多是在“貌似有理”的诡辩下，掩盖着极端化的形而上学的思维方法。我们选择其中的一些诡辩命题进行分析。

（1）关于空间相对性的诡辩。

“天与地卑，山与泽平。”这是惠施“历物十事”中的辩题，意谓天与地、高山与深渊一样平。从辩证的观点看，空间的高度是相对的，有差别可以转化为无差别。但在确定的空间内，天高于地、山高于泽却是确定的。惠施的这个辩题却根本不提“确定空间内”的条件性，把这个一定条件下的特殊命题（某处高山与某处深谷一样平）变成普遍命题，从而以孤立的根据，掩盖了辩证法的“关于普遍联系的科学”的真谛。

（2）关于时间相对性的辩题和运动的矛盾本性的诡辩。

“日方中方睨；物方生方死。”这也是“历物十事”中的辩题，意谓太阳正中午，同时又西斜；事物刚产生，同时又死亡。本来，时间具有相对性和运动的矛盾本性，机械运动是间断性（点截性）和不间断性（连续性）矛盾双方的对立统一。但是，惠施在这个辩题中过分强调了运动的连续性，抹杀了运动的间断性。

“轮不蹍地”，这是“辩者二十一事”中的辩题，也是极端地用机械运动矛盾性质的一个侧面（连续性）来否认另一侧面（间断性）。

“飞鸟之景未尝动也”，这是“辩者二十一事”中的一个辩题。它与“轮不蹍地”相反，走向了另一个极端，认为运动中的物体在每一瞬间都处在每一静止的点上，从而以运动的间断性抹杀了运动的连续性。

“飞矢不动”，这是与“飞鸟之景未尝动也”相同的古希腊芝诺的命题。认为飞箭在每一刹那都占据一个与自身相等的空间，这一刹那在这里，那一刹那在那里。飞箭所经过的是无数静止点的总和，而无数静止点的总和只能形成静止，不能形成运动。所以飞箭实际上是不动的。

恩格斯曾经在《反杜林论》中指出："运动本身就是矛盾，甚至简单的机械的位移之所以能够实现，也只是因为物体在同一瞬间既在一个地方又在另一个地方，既在同一个地方又不在同一个地方。这种矛盾的连续产生和同时解决正好就是运动。"[1]因此，正是由于运动所具有的矛盾性，所以运动才是真实的。但中西古代的"辩者"们，却从不同的角度，夸大了运动所包含的矛盾性，他们或者否认运动的连续性，或者否认运动的间断性，从而都否认了运动的实在性。

列宁也曾指出："问题不在于有没有运动，而在于如何在概念的逻辑中表达它。"[2]而中西古代"辩者""智者"们在思维方法上的根本缺陷，恰恰是把反映运动的概念凝固化，把反映相互连接、相互转化的对立的概念，如连续性与间断性（有限与无限），看作是绝对不能相容的东西。从而不是把事物本身的辩证矛盾通过辩证的思维得到正确的表达，而是通过形而上学的思维方法，得出了极其荒谬的结果。

"真理总是具体的"[3]，离开一定的时间、空间等条件，我们连下雨究竟是好还是坏都无从断定。因此，辩证的认识是要求发现"真理只有在同一和差异的统一中，才是完全的"[4]。如"生命本身即具有死亡的种"。[5]但过分强调了事物的某一方面，如只强调运动的间断性而忽视了运动的连

---

[1] 《马克思恩格斯选集》第3卷，第160页。

[2] 列宁：《黑格尔〈哲学史讲演录〉一书摘要》，《列宁全集》第38卷，第281页。

[3] 《车尔尼雪夫斯基选集》上卷，三联书店1959年版，第421页。

[4] 黑格尔：《逻辑学》下卷，第33页。

[5] 黑格尔：《小逻辑》，第133页。

续性；或者是相反，只强调了时空的变动性而忽视了时空的确定性，都会违反常识，使辩证的认识超越了一定的“度”，从而使辩证的思维方法被诡辩所淹没。

如古希腊哲学家赫拉克利特针对当时流行的事物绝对不变的观点，提出了“一切皆流”的辩证发展观，以“人不能两次踏入同一条河流”的著名命题，强调了运动变化的绝对性。但是他的学生克拉底鲁却把老师关于运动变化的绝对性的思想加以绝对化，以至于完全否定了事物的相对稳定和静止，推出了又一个古希腊著名命题：“人不能一次踏入同一条河流。”这就同“日方中方睨；物方生方死”一样，认为事物没有任何相对的稳定性，一切处在瞬息万变之中。按照这种生灭不分的观点，人们对任何事物都不能做出任何肯定或否定的确定性判断，从而以“我知乎哉？我不知乎哉”陷入“刹那生灭”的相对主义诡辩。

（3）关于有限与无限的诡辩。

“一尺之棰，日取其半，万世不竭。”这是“辩者二十一事”中的一个辩题，意思是说，一根木棍，每天撅一半，永远也撅不完。

“阿基里斯追不上乌龟。”这是与“一尺之棰，日取其半，万世不竭”相同的古希腊芝诺的命题，意思是说，希腊跑得最快的人阿基里斯追一只乌龟。当他追到乌龟刚才起跑的地点时，乌龟已经往前跑了一段路；当他追到这个点时，乌龟又往前跑了一段路……如此不断重复下去，阿基里斯永远追不上乌龟。

这两个命题都反映了一种思想：某一有限的距离可以无限分割。从常识所看，这也是不可思议的。

物质世界的普遍联系与永恒发展，决定了有限与无限是物质世界存在形式的固有矛盾。有限包含着无限，有限体现着无限；无限由有限构成，无限不能脱离有限而独立存在。任何具体事物，在存在形式上都是有限与无限的对立统一。如果把有限与无限绝对地割裂开来，或仅仅把有限与无限归结为数量上的有穷与无穷，都是形而上学的诡辩。因此“一尺之棰”与“阿基里斯”的思维方法，仍然是把反映相互连接、相互转化的对立概念的有限与无限，看作是绝对不能相容的东西。从而也是通过形而上学的思维方法，得出了荒谬的结果。

（4）关于个别与一般的诡辩。

“鸡三足。”这是“辩者二十一事”中的一个辩题，它将具体的物“数足二”与抽象的名“谓足一”混为一谈，混淆名实，违反分类标准。也有学者认为，这是混淆集合与元素的诡辩。意谓数“鸡足”的集合，这是一个。数“鸡足”的元素，包含左足、右足两个。把一个集合和两个元素加起来是三个。于是就形成“鸡三足”。这是将一般和个别等同的诡辩。

“白马非马。”这是公孙龙的辩题。它与“鸡三足”将一般和个别等同相反，是极端地夸大了个别与一般的差别的诡辩。

人们认识物质世界的客观规律，总是从对个别事物的认识开始的，而在认识个别事物时，必然要涉及某一个别事物与其他个别事物之间的联系，因而也不可避免地要接触个别与一般的关系。个别是指现实存在的，可以为人们的感官所直接感觉到的具体的单一的事物；一般是指具体的单一的个别事物所具有的共同属性，是许多个别事物中普遍具有的东西。

在个别与一般的关系问题上，第一，个别与一般是相互联系着的：“个别一定与一般相联系而存在，一般只能在个别中存在，只能通过个别而存在。任何个别（不论怎样）都是一般。”[1] 第二，个别与一般是有差别的：“任何一般都是个别的（一部分，或一方面，或本质）。任何一般只是大致地包

[1] 《列宁全集》第38卷，第409页。

括一切个别事物。任何个别都不能完全地包括在一般之中。”[1]第三，在一定的条件下，个别与一般可以相互转化：“从一定观点看来，在一定条件之下，普遍是个别，个别是普遍。”[2]基于此，作为任何一个认识成果的命题，均内在地包含着反映客观物质世界多样性和统一性及其相互关系的个别与一般的辩证关系：“从任何一个命题开始，如树叶是绿的，伊万是人，哈巴狗是狗等。在这里（正如黑格尔天才地指出过的）就已经有辩证法：个别就是一般。”[3]

但在“鸡三足”中，说鸡有“足”之“足”，指的是足的一般；说鸡有“左足”“右足”之“足”，是指足的个别。说“鸡三足”，则是认为个别与一般等同。把一般看成是独立于个别而在的东西，又把个别看成是脱离一般而存在的东西，继而将这两种分别独立自存的东西相加。这“鸡三足”割裂个别与一般辩证联系，把个别与一般等同的诡辩所在。

而“白马非马”却与此相反，它极端地夸大了个别与一般的差别，凝固了“白马”与“马”之间的确定界限，反映在思维认识中，就是只强调了“白马”与“马”之“名”（概念）的自我同一性，否认了同一性自身包含着差异性；只强调个别与一般的对立，否认个别就是一般。

在公孙龙眼里，“白马”与“马”概念的确定性是永远不变的，用黑格尔曾批评过的话讲，就是“一切东西和它自身同一，或甲是甲。否定的说法：甲不能同时为甲与非甲”[4]。黑格尔批评了这种绝对同一的思想，认为“概念……自然和它们自身是同一的。但是，它们之所以同一，只是由于它们自身包含有

[1] 《列宁全集》第38卷，第409页。

[2] 《列宁全集》第38卷，第188页。

[3] 《列宁全集》第38卷，第713页。

[4] 黑格尔：《小逻辑》，第115页。

差别在自身内”[1]。恩格斯也曾经指出：“同一性自身包含着差异性，这一事实在每一个命题中都表现出来，在这里，述语必须和主语不同。百合花是植物，玫瑰花是红的。”[2]这里不论是在主语中或是在述语中，总有点什么东西是主语或述语所包括不了的。所谓包括不了，就是“与自身的同一，从一开始就必须有与一切别的东西的差异作为补充”。[3]

这些均表明，在思维认识中，作为思维认识成果的基本要素——概念，除了自我同一性外，还有相互之间的差异性，这种差异性在判断中得到了外在的表现。即表明了一种个别与一般的关系。同时，这种联系又是以按同一性进行连接的概念之间必然存在的某些差异性为条件的。

但是，公孙龙反复论证，“白马”与“马”的差别、对立，认为“白马”就是“白马”“白马非马”。这种以夸大的差异性割断联系的认识，显然是有见于概念或词语（名）之间以及判断的主、谓词之间的对立和分离性，却无见于它们之间所存在的一致性和相互联系。公孙龙的这个不管不顾的“白马非马”，是他的“正名”学说中，以离散的分析方法，有见于个别，无见于一般；只承认个别，不承认一般的诡辩“硕果”。只可惜，以“白马非马”成名的公孙龙，最后还是因“辞胜于理，终必受黜”，死在他的这些诡辩上。

（5）关于量变与质变的诡辩。

“谷堆”“秃头”，这是古希腊麦加拉学派中的欧布里德所提出的命题。

“谷堆”是说一粒谷子不能说成是一堆谷子，再加一粒也不可能说成是一堆谷子。这样一粒一粒地加下去，也将永远不会堆成谷堆。

[1] 黑格尔：《小逻辑》，第 115 页。

[2] 《马克思恩格斯选集》第 3 卷，第 537 页。

[3] 《马克思恩格斯选集》第 3 卷，第 537 页。

“秃头”的论证方法与“谷堆”相反，是说减掉一根头发不能成为秃头，再减去一根也不能成为秃头。这样一根一根地减下去，也将永远不会成为秃头。

这两个诡辩涉及了量的积累能否导致质的变化的问题。

任何事物的变化都是量变与质变的统一。量变是指事物在原有性质范围内所发生的数量上的增减，它是一种渐变。在一定范围内，量变在保持事物的稳定性的基础上，体现着事物存在和发展的连续性。质变是指事物由一种质态向另一种质态的转变，这种转变破坏了事物的相对静止状态，以其显著的根本性质的变化、“渐进过程的中断”形式，使一事物实现“从量变到质变的飞跃”[1]而转化为其他事物。在这种转化中，事物的质变也是有条件的。“一方面量的规定可以改变，而不致影响它的质，但同时另一方面这种不影响质的量之增减也有其限度，一超出其限度，就会引起质的改变。例如，水的温度最初是不影响水的液体性的，但液体性的水的温度之增加或减少，就会达到这样的一个点，在这一点上，这水的聚合状态就会发生质的变化，这水一方面会变成蒸汽，另一方面会变成冰。当量的变化发生时，最初好像是完全无足轻重的，但后面却潜藏着别的条西，表面上无足轻重的量的变化，好像是一种机巧，凭借这种机巧去抓住质（引起质的变化）。”[2]

为此，黑格尔讲了一个寓言故事：有个农夫，当他看见他的毛驴拖着东西愉快地行走时，便连续不断地一两一两地给他的毛驴增加负担，而当他再增加某一两时，这头毛驴终于不堪重负地倒下了。

黑格尔认为，这个寓言说明，量的变化一旦突破“度”就必定要引起质

[1] 黑格尔：《逻辑学》上卷，第 404 页。

[2] 黑格尔：《小逻辑》，第 236 页。

的变化。这就好比，在某种范围内，多花钱、少花钱并不重要，但花钱多或花钱少毕竟应该有一个“度”，一旦超出这个“度”，就会引起质变，要么成为穷奢极欲，要么成为吝啬鬼。

但是，“谷堆”“秃头”的论证却把量变与质变极端绝对地对立、割裂，从而否定了量变会引起质变。也正是由于这个原因，所以在反映“全面的、普遍的灵活性”的“谷堆”“秃头”的概念时，概念的灵活性就成为诡辩者的挡箭牌了。因此，这种诡辩也正如列宁所说的：“概念的全面的、普遍的灵活性——这就是问题的实质所在。这种灵活性，如果加以主观的应用＝折中主义与诡辩。”[1]

因此，当我们遇到类似“谷堆”“秃头”的诡辩时，我们应问问诡辩者：“你吃饱了没有？”“你吃了几个包子？”

（6）关于其他相对主义的诡辩。

“郢有天下。”这是“辩者二十一事”中的一个辩题，意思是说楚国的都城包含天下。常识是整体包含部分，天下有郢。而辩者却从某种意义上（如出国称王）说“郢有天下”，即部分有整体。这个辩题是颠倒部分和整体关系的诡辩。

“犬可以为羊。”这是“辩者二十一事”中的一个辩题。任何一个实体概念都同事物具有必然的对应关系，但词语是表达概念的，与事物并不是必然对应的。词语在最初约定时具有人为性、随意性，亦即具有相对性。辩者们抓住了这一点，诡辩说“犬可以为羊”。这是用一个方面（词语的随意性）来搅乱另一各方面（概念的确定性）。

“火不热。”这是“辩者二十一事”中的一个辩题，是用人对火热的感

[1] 《列宁选集》第 38 卷，第 112 页。

觉来代替和抹杀火本身热的性质。

至于中国古代庄子的泯灭一切事物对立的“齐物”、泯灭一切是非对立的“齐论”、泯灭是非标准的“辩无胜”等论辩，无一不是“天地与我并生，万物与我同一”（《庄子·齐物论》）的绝对相对主义的诡辩[1]，是他哲学思想上相对主义的必然结果，是他对当时明辨思潮中取法标准上主观主义的批判结果。[2]

列宁曾经指出：“辩证法曾不止一次地做过通向诡辩术的桥梁。”[3]从上述古代诡辩者们的各种相对主义的“思辨的把戏”来看，它们在辩证思维方法上又随心所欲地往前多走了一步，从而滑入了形而上学思维方法的泥坑。

但是，黑格尔认为，任性不是以必然性为基础的，而是依赖于某种偶然性的东西。故而他把“任性”称作“形式的自由”“主观假想的自由”，而不是真正的自由。而培根则更是要求人们注意知识的确定性和适用的范围，要时刻警惕理性离开经验去任意驰骋，因此他要求“决不能给理智加上翅膀，而毋宁给它挂上重的东西，使它不会跳跃和飞翔”[4]。

问题在于，古代多走了一步的相对主义的诡辩，是人类认识史上一个值得注意的经验教训，但这种形而上学的思维方法，自古至今，谬种不绝。作为一种思维习惯的残余，形而上学的思维方法仍然自觉不自觉地在许多人脑中存在着。例如：

曾被人们炒得沸沸扬扬的“高薪养廉”，一直是比较流行而又争议颇大

[1] 参见张晓芒：《中国古代论辩艺术》，山西人民出版社2001年版，第182～195页。

[2] 参见张晓芒：《先秦辩学法则史论》，第189～196页。

[3] 《列宁选集》第2卷，第850页。

[4] 培根：《新工具》，《十六—十八世纪西欧各国哲学》，第44页。

的说法。有人把“高薪养廉”视为反腐败的制胜法宝，似乎“高薪养廉”可以一劳永逸地彻底解决现实存在于社会而被人民深恶痛绝的腐败问题；有人则对“高薪养廉”嗤之以鼻，认为其最终结果是“高薪养活”。

其实，绝对的高薪肯定是不现实的，其社会成本无疑将很大。而且，以“高薪”为货币能否兑换“廉洁”，多少是个够？这也是有争议的。因此，反腐败中最大的思维障碍就是过度依赖某一方面的行动战略。如过度强调“高薪养廉”，或是过度强调增强惩治腐败力度，或是过度强调只是建立一个反腐败机构等，都与反腐败是一个系统工程的理念相悖。

应该说“高薪养廉”只是属于对腐败具有一定程度预防效应的权宜之计，属于功能有限的经济型策略。人既是“经济人”，又是“道德人”。因此，人既有“天下熙熙，皆为利来；天下攘攘，皆为利往”的一面；又有另外的一面：“人生而有欲，欲而不得，则不能无求；求而无度量分界，则不能不争。争则乱，乱则穷，先王恶其乱也，故制礼义以分之，以养人之欲，给人之求，使欲必不穷于物，物必不屈于欲。两者相持而长，是礼之所起也。”（《荀子·礼论》）“高薪养廉”虽因注重了人的追求利益的“经济人”的本性，体现了对人性的关照，但它所蕴含的经济逻辑却是与公共事务领域格格不入的市场逻辑。

因此，不能把“高薪养廉”视为反腐败的绝招与捷径，在当前严峻的反腐败背景下，与其过分依赖于某一措施，不如在注意到人的“经济人”的基础上，扎扎实实地在反腐败的制度建设和警示教育上下功夫，以制度保障加强“夫礼禁未然之前，法施已然之后”（《史记·太史公自序》）的德治与法治建设，以“礼之所去，刑之所取，出礼则入刑”（《后汉书·陈宠传》），保证“礼”与“法”的信用与权威。亦即在人文意义上保证现实的“应然”生存方式的基础上，“礼法互补，以礼为主导，以法为准绳；以礼为内涵，以法为外貌；以礼移民心为隐微，以法彰善恶于明显；以礼夸张恤民的仁政，以法渲染治世的公平；以礼行法减少推行法律的阻力，以法明礼使礼具有凛人的权威；以礼入法使法律道德化，法由止恶而兼劝善；以法附礼使道德法律化，出礼而入于刑”。[1]

又比如，辩论赛曾经热闹过几年，但这些辩论赛，往往在求胜的过程中，将辩论的正题与反题扯向极端的两极。这样，也很容易在辩论技巧中，使对各种现实问题的辩证认识，又往前多走一步，以绝对化地强调自己一方的辩题，迈上“通向诡辩术的桥梁”。

在现实生活中，想必大家都有这样的体会：如果想要否定一个正确的东西，那么就把它绝对化好了。这种绝对化的思维方法，就是形而上学的思维方法。它把具有辩证关系的两方的任何一头，强调到了极端和过分的地步。“是就是，非就非，除此之外，都是鬼话”。

破斥诡辩是逻辑学与辩证法等思维科学的天然使命，它在保证人们正常的人际沟通中，起着“明是非先分，审治明同异之处，察名实之理，处利害，决嫌疑（《墨经·小取》）的重要作用。诡辩是思维的陷阱，只有填平这个陷阱，人们相互之间的人际沟通才会正常有效地进行。

当然，在破斥诡辩的过程中，必备的逻辑学与辩证法等思维科学的知识是必须的，这是知识的准备；坚定的信念是必须的，这是心理状态的准备。除此之外，一定的方法策略也是应该讲究的，这是论辩技巧的准备。

作为知识的准备，我们在破斥任何一个诡辩时，都应该从概念要确定、判断要明晰准确、推理要合乎逻辑、要遵守思维规律等出发，从而第一，确定说辩论题中的关键词是什么；第二，将这一关键词所表达的概念的内涵与

[1] 张晋藩：《中国法律的传统与近代转型》，法律出版社 1999 年版，第 34 页。

外延进行确定，明确它的意义和范围是什么；第三，将辩论题中的所有概念联系起来，明确这个流辩论题的意义和在当前情况下所涉及的范围；第四，对这些判断所组成的论证方式进行确定，看它是否遵守了各种推理形式的规则。这样，我们就可以在健全的判断能力基础上，以“清楚的头脑”，大致了解这个诡辩论题“说”在何处了。

作为心理状态的准备，我们在被诡辩噎住之后，不能就此了之地把它闷在肚里。我们要对任何一个诡辩都有视若寇仇的精神，要在思维科学知识的储备基础上，保持冷静的理智，勇于与之打打擂台，以辨明是非。

作为论辩技巧的准备，有“逆驳”、“顺驳”、“辩证驳”和“不驳”等几种基本策略。

所谓“逆驳”是指，以事实或正确的思维知识破斥对方的诡辩论题，或破斥诡辩论题赖以成立的论据，或破斥诡辩论题的论证方式。逆驳是破斥诡辩中最为基本的方法策略。其中，破斥对方的诡辩论题是最直截了当的破斥。

所谓“顺驳”是指，顺着对方的意图，或彰显对方说法的荒谬，或使对方陷于自己的诡辩圈套里。“顺”与“送”之间存在着辩证关系。有时一味地驳说不一定能取得满意的效果，此时就不如“反过来看”“顺驳”反而会取得意想不到的效果。中国古代经典《兵经百第·顺》即认为：“大凡送之愈坚者，不如顺以导瑕。”“瑕”意谓瑕疵，在此指明确指出荒谬、矛盾等说辩者无法接受的结果。

所谓“辩证驳”是指，对具有绝对化倾向的认识，要以辩证的分析昭示真理的具体性；对故意扯向极端的相对主义诡辩，要以辩证的分析揭穿其“说”之形而上学本质。

所谓“不驳”是指，对一些“负气”之争的诡辩，我们有时也可以采取一种点到为止、无须再争的策略。这是因为，论辩不仅仅是思维科学的事情，还涉及心理、伦理的因素。有时，仅靠思维科学的知识而不考虑心理、伦理的因素也是辩论不清是非的。

04

第四部分 当头棒喝

——如何破斥诡辩

破斥诡辩是逻辑学与辩证法思维科学的天然使命，它在保证人们正常的人际沟通中，起着“明是非之分，审治乱之纪，明同异己处，名实之理，处利害，决嫌疑”的重要作用。诡辩是思维的陷阱，只有填平这个陷阱，人们相互之间的人际沟通才会正常有效地进行。

针锋相对
——用事实说话

这是最基本的逆驳方法。

列宁曾经说过："如果从事实的全部总和，从历史的联系去掌握事实，那么，事实不仅是'胜于雄辩的东西'，而且是证据确凿的东西。"[1] 因此，"用事实说话"就是直接指出诡辩者的论题或论据不符合事实，是个假判断。它是直接反驳论题或论据的一种方法。

观念、一个思想是不是真理，不在于空谈与"巧辩"，而在于它的效果和实践。许多诡辩就只是富于争辩而没有实际效果的空谈与"巧辩"。对于这样的诡辩，我们当然要"凡是在理论上必须争论的一切，那就干脆用现实生活的实践来解决"[2]，直接指出它违背客观事实，这样就可以直接破斥掉它了。

例如，在"矛盾之说"中，"以子之矛，攻子之盾，何如"就直截了当地戳穿了卖矛与盾者的诡辩。

又如，"诡辞数万"的公孙龙，尽管他"任南西北我自动"，铁定了心地"白马非马"，但当他骑白马过关时，不吃这一套的守关士兵，仍然勒令他必须给"不是马"的白马交纳关费。

---

[1] 《列宁全集》第 23 卷，第 279 页。

[2] 《车尔尼雪夫斯基选集》上卷，第 114 页。

又如，我们曾在“信口雌黄”一节中举出了“无一无二”的论辩。对于这个诡辩，石动筒就是用事实紧紧逼问：“弟子听说，一个天上不会有两个日头，一个国家不能有两个皇帝，你还能说‘无一’吗？卜有乾坤。天有日月，皇后配天子，这就是二人，你还能说‘无二’吗？”在事实面前。大德法师还能再说什么？再诡辩下去，恐怕就要大逆不道地“犯上”了。

车尔尼雪夫斯基还曾说过：“实践是一切理论的无可争议的试金石，在这个场合也应该让它做我们的指导者。”[1]其实，面对生活中的许多谬误或诡辩，实践所表现的事实，不仅是“试金石”，而且还是“铁证如山”。因此，在各种案件的诉讼中，“用事实说话”是最有力的破斥谬误或诡辩的武器。

1925年5月，鲁迅与沈尹默等七位教授发表了支持北京女子师范大学学生正义斗争的宣言，不久，当时的教育总长章士钊命令解散该校，并要免除鲁迅的教育部佥事职务。鲁迅愤然而起，以一个区区“科级”向平政院（即行政法院）状告时称“老虎总长”的“部级”。在诉状中，鲁迅指出，第一，按照当时的《文官惩戒条例》，教育总长将免除报告直接呈报段祺瑞，超越了文官高等惩戒委员会的职权范围，是违反法律程序的行为；第二，我在女师大兼任教员，支持学生是教师行为，不是佥事行为，两种职责，不容混淆；第三，你说我勾结捣乱分子，何谓捣乱分子，我又如何勾结？第四，我以教员身份到学校值班，如何能谈得上“盘踞”学校？第五，我担任校务维持会会员是在8月13日，而你对我的免除报告是在8月12日，就算我参与学校的维持会为“有罪”，“罪”还没犯，你怎么可以事先将我免职？第六，我在教育部是主管社会教育的佥事，女师大停办与从职守上讲，与我毫无关

[1] 《车尔尼雪夫斯基选集》上卷，第113页。

系，我凭什么要对你陈述意见？最终鲁迅打赢了这生平唯一的一场官司，除了他真理在握，具有敢于面对强敌的大无畏的勇气，以及当时的形势是段祺瑞政权正岌岌可危，教育总长也下野在即外，善于运用法律手段用事实说话，富于逻辑论证，也是鲁迅具有高超的合法斗争的艺术表现。

有一名故意杀人犯 4 分钟后即被执行死刑，这时，最高法院通知“暂缓执行命令”。这就是轰动一时的“枪下留人”事件。但在 129 天后，经过陕西省高级人民法院复核，还是判决了这名罪犯死刑。

虽然“枪下留人”和“最终正法”都体现了法律的公正和对生命的尊重，但我们所关注的是，在复核过程中，检察机关是如何对被告一方（以下简称辩方）所提供的“罪不当死”证据反驳的。

（1）辩方意见：被害人有流氓挑衅行为，在案件起因上有过错。

审委会调查：被害人有流氓挑衅语言，仅仅是被告的供述，被告的证人所提供的证言，也是完全听被告说的，而在场的其他证人并不能证明被害人有流氓挑衅语言。

法院结论：辩方的意见没有证据支持，不予采信。

（2）辩方意见：被害人伙同同伙对被告有不法侵害行为，被告是在完全被激怒的情况下，进行防卫的。所以，被告不是故意杀人，只是防卫过当。

审委会调查：现场证人证明，被告与被害人是互相殴打行为，没有其他人参与。证人同时证明，互相殴打行为被人劝开后，被害人已经离开。而被告又追上去用水泥地砖连续击打被害人的头部，致使被害人死亡。

法院结论：辩方意见没有证据支持，不予采信。被告的行为不属于防卫过当。

（3）辩方意见：某证人的证言漏洞百出，道听途说，仅凭这一份预证定案，证据不足。

审委会调查：经调查，这位证人目击了被告的行凶过程，他所证明被告的犯罪事实，与尸体检查报告、现场勘察笔录、其他证人的证言以及被告的供述相互印证。

法院结论：此证人的证言足以采信，而辩方的意见没有证据支持，不予采信。

（4）辩方意见：被告不具有杀人的主观故意。

审委会调查：被告用水泥地砖连续击打被害人的头部，对其行为显然采取了放任态度。

法院结论：辩方的意见没有证据支持，不予采信。

（5）辩方意见：被告给被害人和劝架人递烟，有表示和解的事实。

审委会调查：辩方的意见没有任何证据支持。

法院结论：不予采信。

（6）辩方意见：被告没有“连续击打”的行为。

审委会调查：尸体检查报告证明，被告有“连续击打”的事实。

法院结论：辩方的意见没有证据支持，不予采信。

同时，陕西省高级人民法院又认定了检察院的十条证据，这样才使当初的“枪下留人”又变成“最终正法”，都体现了法律的公平与公正。

明镜鉴形
——以知识判定

这也是逆驳方法。

“以知识判定”是指，用正确的思维科学的知识，指出对方的诡辩违背被实践证明是真的科学原理、科学定律、公认规则，从而或是混淆概念，或是偷换概念，或是肆意曲解，或是模糊判断，或是违反思维规律，或是混淆论题，或是转移论题，或是偷换论题，或是从论据推不出论题，或是虚假隐含，或是不当类比，或是轻率概括，或是虚假预设，或是以相对为绝对等，从而直接破斥对方的诡辩，使其走伏无地。

在某届亚运会上，一位竞走运动员处在第一集团的绝好位置上，夺牌有望，但却以犯规为名，被裁判罚下场。事后另外一位运动员抱怨说：“实际上，竞走项目双脚腾空有时是很正常的，但在大赛中，能真正被判犯规的却极少，这有时是运气，有时则反映了其他方面。”

在大赛中有些裁判员裁判不公是不争的事实，但这位运动员的“竞走项目双脚腾空有时是很正常的”说法不可取。按照竞走比赛规则（公认规则），“双脚腾空”就是犯规，不属于正常范围。这说明，保证严格执法是必须的，调整运动员的心态也是必须的。

又如，《哥达纲领》有一个“劳动所得应当不折不扣和按照平等的权利属于一切社会成员”的论点。对此，马克思反驳说：如果劳动所得应当属于一切社会成员，那么“不折不扣”在哪里呢？如果劳动所得不折不扣属于劳动者，那么“平等权利”又在哪里呢？由于这个论点本身蕴含有不能圆说的自相矛盾，马克思认为它是一个假判断。

以知识判定还包括反驳论证形式。就是确定一个论证的论据与论题之间的逻辑联系方式不正确，也就是对方论证所使用的推理形式不正确。由于任何正确的论证都是由推理形式逻辑地联系论题与论据的，因此，指出对方的论证形式不正确，也就说明了对方的论证不成立。

凡是从思维形式上进行反驳的,我们都可以将此叫作“截断关系法。”

如我们在第一部分“明明白白的糊涂”一节中提到的将拉丁语谚语“犯错误是人之常情”偷换成“人之常情在于犯错误”。

按理，这句拉丁语谚语是说“犯错误”是人之常情之一，但偷换后的“人之常情在于犯错误”是说，人的全部常情就是犯错误，其他一切都与人之常情无关，这就变成荒谬了。其原因就在于违反了换位法的规则：换位后，不周延的项不得周延。

又如，我们在第三部分“牵强附会”一节中所破斥的“常在河边走，哪能不湿鞋”，就是典型的“截断关系法”：并非“如果 p 那么 q”等值于“p 并且非 q”；或者是，并非“所有的 S 都是 P”等值于“有的 S 不是 P”。

另外，在反驳论证方式时应注意一个问题，即：反驳了对方的论证方式，并不等于确定了对方论题的虚假，只是指出对方的论题没有得到逻辑的证明。

关于“以知识判定”，我们已在第三部分各小节中分别谈了不少在此不赘述。

两刃相杀
——独立证明法

这也是逆驳方法。

汉代思想家王充曾经说过："两刃相割，利钝乃知；二论相订，是非乃见。"（《论衡·案书》）"两刃相杀"即是独立证明与诡辩论题相反的论题为真，从而确定论辩论题为假。它是间接破斥诡辩论题的方法。其步骤为：

要破斥的诡辩论题：A

设立A的相反论题：非A

独立证明：非A真

根据矛盾律：A假

古有"天打五雷轰"一说。对此，王充在《论衡·雷虚》篇中，提出了"雷者火也"的相反观点。并对此进行了独立证明：

以人中雷而死，即询（考察）其身，中头则须发烧焦，中身则皮肤灼焚；临其尸上闻火气。一验也。

道术之家，以为雷烧石，色赤，投入井中，石焦井寒，激声大鸣，若雷之状。二验也。

人伤于寒，寒气入腹，腹中素温，温寒分争，激气雷鸣。三验也。

当雷之时，电光时见，大（光）若火之耀。四验也。

当雷之击时，或燔（烧）人室屋及地草木。五验也。

夫论“雷之为火”有五验，言“雷为天怒”无一效，然则“雷为天怒”，虚妄之言。

王充通过这个“两刃相杀”的独立证明，间接破斥了“雷为天怒”的诡辩。

又如，20世纪初，有人认为中国古代没有逻辑思想。为了反驳这个论断，许多学者独立证明了中国古代有逻辑思想。如清代学者孙诒让曾在给梁启超的一封信中，就称赞先秦时代的《墨经》所揭示的逻辑原理“有如欧士亚里士多德之演绎法、培根之归纳法及佛氏之因明论者”。[1]近代中国第一个对中西逻辑做出比较研究的严复在其《名学浅说》中也说：“夫名学（逻辑学）之为术，吾国秦前，必已有之，不然，则所谓坚白同异……之学说，未由立也。”[2]梁启超也认为，逻辑学在中国古代虽不发达，但其“萌芽之稍可寻者，唯先秦诸子而已”，“《墨经》殆世界最古名学书之一也”。[3]而在胡适看来，“所谓名学，就是逻辑”。[4]至于章士钊，更是直言不讳地断言：“逻辑起于欧洲，而理则吾国所固有。”[5]从而反驳了“东亚向无逻辑学”的论断。

[1] 转引自方授楚：《墨学源流》，中华书局1934年版，第219页。

[2] 《中国逻辑史资料选》近代卷，第267页。

[3] 梁启超：《墨子学案》，《中国逻辑史资料选》现代卷（下），第18页。

[4] 胡适：《中国哲学史大纲》卷上，商务印书馆1987年版，第187页。

[5] 章士钊：《逻辑指要·自序》。

以一当百
——证伪法

这也是逆驳方法。

证伪主义是英国科学哲学家波普尔于20世纪30年代提出的一种科学方法论。它与逻辑实证主义的证实原则相对，认为一个科学命题或理论根本不可能被经验所证实，而只能被经验所证伪。因此，可否证性也是区分科学与非科学的界限，可否证的为科学，不可否证的为非科学。例如，“天下乌鸦一般黑”就是可否证的，只要人们发现一个乌鸦不是黑的，这个命题或陈述就是“已证伪”的了。而“天下乌鸦或是黑的，或是非黑的”这种陈述，则是不可否证的，因为没有一个逻辑上的可能的观察陈述来否定它，不管乌鸦是什么颜色的，这句话都是对的。但它对世界具有什么性质，以什么方式行动，都没有给人们提供什么信息，因此没有科学性。波普尔用证伪主义强调了科学的革命与进化，认为我们是通过试错来学习。虽然证伪主义对逻辑实证主义把经验主义的可证实性绝对化的批评，对于科学史的研究，对于科学理论的评价，对于科学研究具有一定的意义，但它又把可证伪性绝对化、同样是错误的。它们都背离了相对真理与绝对真理的辩证关系。真正的科学方法论是证实和证伪的对立统一。

由于证伪主义的逻辑根据是全称判断与特称判断之间的不对称性，而许多诡辩又是以全称判断的形式出现的，所以我们在此“借用”了波普尔的证伪方法，来作为破斥诡辩的一种方法策略。这个证伪法就是举出反例。

亦即，当我们面对一个具有全称判断形式的诡辩时，尤其是面对故意轻率概括的诡辩时，我们应尽可能地搜索有无一个恰当的反例来直截了当地驳斥它。从快速破斥诡辩的目的上讲，这种证伪方法不失为一种符合“思维经济原则”的“奥卡姆剃刀”[1]。

在现实生活中，轻率概括的诡辩或谬误事例有很多，如对“轻动干戈”一节中的“男人没一个好东西”“女人没一个好东西”进行证伪时，我们可以在心里面嘀咕嘀咕的“那你算什么”，就是这种方法。

又如，有人论证中国不适宜发展私人汽车。因为中国人口众多，城市人口密度大，交通设施落后，城市道路容量有限，现有的汽车流量已经使城市交通不堪重负。如果再发展私人汽车，势必造成难以解决的社会问题。对于这个论证，我们只需要找一个反例，就能最有力地削弱它。如我们可以举出日本东京的人口总量与密度都不亚于中国任何一个城市，它也曾经存在过交通设施滞后的问题，但东京现在是世界上拥有私人汽车最多的城市之一，并没有出现难以解决的社会问题。

读者可试着分析现实生活中的例证。

[1] 中世纪英国唯名论哲学家奥卡姆曾提出一个著名口号：“如无必要，勿增实体。”主张用“经济原则”这把剃刀把一切无现实根据的“共相”、主观臆造和烦琐论证一剃而尽，使人们去直接观察和研究具体事物，获得实际知识。这就是西方哲学史上有名的“奥卡姆剃刀”或“思维经济原则”。

将错就错
——归谬法

这是顺驳方法。

在“顺驳”诡辩的过程中，最常用的就是归谬法了。将错就错、以谬制谬地“顺着来”，通过先承认被反驳的诡辩论题为真，然后据此必然推出荒谬的结果或对方不能接受的结论，从而在不知不觉中将对方引到自己否定自己的尴尬境地上来，有苦难言，丧失了任何反驳的余地。其步骤为：

要破斥的诡辩论题：A 先假定 A 真。

由 A 真引出推断：如果 A，那么 B。

非 B（即 B 论题荒谬或对方难以接受）。

所以，非 A（即 A 真不成立。充分条件假言推理的否定后件否定前件式）。

A 真不成立，即 A 假。

例如有个故事：

有个美国人买了一盒极为稀少并且很昂贵的雪茄，还为这盒雪茄投保了火险。结果他在一个月内就把这盒雪茄抽完了，保险费一分也没有交，却提出要保险公司赔偿的要求。在申诉中，这个人说雪茄是在“一连串的小火”中受损的。保险公司当然不愿意赔偿，理由是：这个人是以正常的方式抽完雪茄的。结果这个人将保险公司告到法庭。法官在判决中表示，他同意保险公司的说法，认为这场诉讼非常荒谬，但是原告手上确实有保险公司同意承保的保单，证明保险公司保证赔偿任何火险，并且保单中并没有限定性地指出什么样的“火”不在保险范围内。因此，保险公司必须赔偿。与其忍受漫长昂贵的上诉过程，保险公司决定接受这项判决，赔偿了原告1.5万美元，当这个人将支票兑现之后，保险公司马上报警将这个人逮捕，罪名是涉嫌24起“纵火案”。有他先前的申诉和证词，这个人立即以“蓄意烧毁已经投保之财产”的罪名被定罪，要入狱服刑24个月，并罚美金2.4万元。保险公司的反诉运用了归谬法，即从对方的荒谬中推出更加荒谬的结论来。

值得一提的是，中国古代的墨子、孟子、庄子等人都是运用归谬法的高手。他们往往在论辩中欲擒故纵，以退为进，通过归谬，推出论敌言行的荒谬，从而破斥了论敌的诡辩。

如墨子曾劝阻鲁国攻伐郑国，鲁国国君对墨子说：“你为什么要阻止我攻打郑国呢？我攻打郑国是顺应上天的意志。郑国人屡次杀死他们的君主，上天惩罚他们，让郑国连续三年遭灾。我攻打郑国正是在帮助上天来讨伐郑国呀。”对此，墨子回答道：

“郑人三世杀其父，而天加诛焉。使三年不全，天诛足矣！今又举兵将以攻郑，曰‘吾攻郑也，顺于天之志’。譬有人于此，其子强梁不材（凶蛮、强横，不成器），故其父笞（鞭打）之。其邻家之父，举木而击之，曰‘吾击之也，顺于其父之志’。则岂不悖哉？”（《墨子·鲁问》）

在这里，墨子并没有直接破斥鲁国国君的诡辩，而是顺着他的逻辑，举出一个邻家之父帮助鞭打不成器的儿子的事例，以比喻类推的归谬形式，间接道出了鲁国国君“助天行罚”的荒谬。

又如，宋国大夫戴盈问孟子说："抽取十分之一的低税率，废除关卡市场的征税，今年还做不到；只能先减少些，等明年再实行，怎么样？"孟子立即用归谬类推进行了反驳：

今有人日（每天）攘（偷）其邻之鸡者。或告之曰："是（指偷鸡）非君子之道。"（攘鸡者）曰："请损（减少）之，月攘一鸡，以待来年，然后已（停止）。"如知其非义，斯速已矣（立即停止），何待来年（为什么还要等到明年呢）？（《孟子·滕文公下》）

偷鸡与重税这两件事，在"非义"上具有"举相似"的共同属性，无论是每天偷一只还是每个月偷一只，这种"量"上的差别并不能改变其"不义"的"质"；同样，重税也不会因为减少就改变其"不义"的"质"。因此，对于它们只能采取同一种否定的态度，也即停止（已）；而不能对其中一个采取否定的态度，对其中的另一个采取貌似否定实质肯定的态度（损之）。

又如，《庄子·外物》中有一则"涸辙之鲋"的论辩：

庄周家贫，故往贷粟（借粮）于监河侯（监管河水的官）。监河侯曰："诺。我将得邑金（封邑的租赋收入），将贷子三百金，可乎？"

庄周忿然作色曰："周昨（昨天）来，有中道而呼者，周顾视（回头看）车辙（车轮碾过后的小坑洼）中，有鲋鱼（鲫鱼）焉。周问之曰：'鲋鱼来，子何为者邪？（鲫鱼，你是什么人）'对曰：'我，东海之波臣（水官）也。君岂有斗升之水而活我哉？（救我一命）'周曰："诺。我且南游吴越之王（将到南方去游说吴王越王），激（凿引）西江之水而迎子，可乎？"鲋鱼忿然作色曰：'吾失我常与（时时同在一起的，指水），我无所处。吾得斗升之水然活耳，君乃言此，曾不如早索我于枯鱼之肆（还不如早点到卖鱼干的市场上找我）！’”

在这个论辩中，庄子的借粮是为了“救急”，而监河侯所答应的借给“三百金”是在“救穷”。但“救急”与“救穷”显然不是同一个话题。监河侯用庄子并不需要的“救穷”取代了庄子急需的“救急”，这是以偷换论题来掩盖自己既不想帮忙又想落个乐善好施名声的嘴脸。其违反同一律的逻辑错误是故意的，其应答的荒谬性也是明显的。庄子根据监河侯的偷换论题，将错就错、以谬还谬地构造了一个与监河侯的诡辩具有同一性且更加荒谬的寓言故事，间接地揭穿了监河侯无情无义的嘴脸。这种揭穿对方偷换论题的归谬类推虽是间接的，但其悲愤的斥责却是直截了当的。

又如，宋代文学家欧阳修曾对苏东坡说起这样一件事：有个人因乘船时遇上刮大风，受惊吓而得病，医生便根据他得病的原因，用从这艘船上刮下的木屑入药，这个人喝下这种药后果然病好了。听了此话，苏东坡揶揄地说道：如果这样用药对头的话，那么喝了笔墨烧成灰的药就可以治昏惰病了；喝了伯夷[1]的洗手水就可以治贪心病了；喝一口比干[2]的残汤剩羹就可以治好拍马屁的病了；舔一舔勇将樊哙[3]的盾牌就可以治胆怯病了；闻一闻美女西施[4]的耳环就可以治皮肤病了。面对苏东坡推出的诸多同性大谬，欧阳修只能一笑了之。

这种归谬式反驳论辩的语言技巧，后期墨家在《墨经》中做了总结：“以其所取同于其所不取，予之也。”

---

[1] 商末孤竹君长子。初孤竹君定次子叔齐为继承人。孤竹君死后，叔齐让位，伯夷不受。后两人一同入周。周武王灭商后，又一同隐居首阳山，不食周粟而死。

[2] 商代贵族，商纣王的叔父。相传因屡次劝谏纣王不要淫乱，被剖心而死。

[3] 汉初刘邦部将。曾在鸿门宴上直入营门，斥责项羽，卫护刘邦脱身。

[4] 相传为古时绝代美女。

两权相衡
——比较法

比较法既有逆驳，也有顺驳。

逆驳是直接针对对方的论辩，提出相反对的事实判断，然后让对方自己分析比较，决定取舍，从而达到破斥对方诡辩的目的。

例如，近年来，日本右翼势力一直企图篡改美化侵略历史，以各种诡辩手法，成为“历史杀手”。对此，我们可以看看有着同样经历的德国是怎样的。

1979 年，德国联邦法院的一项判决第一次对“言论自由”做出了严格界定。根据这项判决，犹太公民有权基于德国公民权的规定，要求纳粹分子承认对犹太人的迫害；联邦法院还认为，否认“第三帝国”屠杀犹太人的历史，就是对每个受害者的污辱，将给幸存者带来新的伤害。1985 年 4 月，德国联邦议会通过了一项决议，将否定迫害犹太人的行为判定为对犹太人的侵害，应给予法律的惩处。1994 年 5 月，德国联邦议会加重了“煽动罪”的定罪程度。从 2005 年 4 月 1 日起，德国又有了新的法律规定，明文禁止极右翼分子在历史纪念物前游行。因为“言论自由”不能抹杀历史。[1]

[1] 参见何叶等：“11 国把否认历史视为犯罪”，《环球时报》2006 年 3 月 7 日第 7 版。

顺驳是并不直接反驳对方的诡辩，而是自己先提出两个相互反对的判断，然后让对方自己分析比较，决定取舍，从而达到破斥对方诡辩的目的。

《战国策》载有一侧齐国处士颜斶与齐宣王及侍臣的论辩：

齐宣王见颜斶，曰："斶前！"（颜斶，你走过来！）

斶亦曰："王前！"（大王，你走过来！）

左右曰："王，人君也；斶，人臣也。王曰斶前，斶亦曰主前。可乎？"

斶对曰："夫斶前为慕势（追慕权势），王前为趋士（礼贤下士）。与使斶为慕势，不如使王为趋士。"

对于群臣的呵斥，颜斶举出了两个判断，追慕权势的判断只会小人当道，而礼贤下士的判断却会使齐王的声望大增。通过对这两个判断的比较，显然颜斶的判断要优于群臣的判断。在这里，颜斶就充分运用了比较反驳的技巧，否则，他那"大逆不道"的反要求一定会使他掉了脑袋。

引君入彀
——顺势逆驳法

顺势逆驳法也是顺驳方法，它是根据对方提出的论点所形成的态势，借题发挥，以表达自己的看法和观点，并给予对方反驳，使之转势为被动。这种顺驳表面上似乎是在顺应对方的话题，但真实的意图却或是以隐含的话意破斥对方的诡辩，或是借势破斥对方的诡辩。

如《晏子春秋》中记载有一则晏子的论辩故事：

齐景公喜欢射猎，叫烛邹主管射猎用的鹰。由于不慎，这只鹰亡失了。齐景公大怒，下令杀掉烛邹。晏子知道这件事后，马上去见齐景公，说："烛邹失职，该杀。他有三条罪状，请让我一一给他指出来，谴责了他之后再杀他，好让他死个明白。"齐景公欣然应允。于是，晏子把烛邹召到齐景公面前，怒气冲冲地列数着他的"罪状"："烛邹，你给君王养鹰却把它给亡失了，这是第一条罪状；你使君王为一只鹰而杀人，这是第二条罪状；你使诸侯听见这件事而认为我们君王重视鹰而轻视人，这是第三条罪状。不杀不行！大王，我说完了，请杀了他吧。"而此时的齐景公已是面红耳赤，说："不要杀！我听懂你的指教了。"

在这则论辩中，晏子似乎始终站在齐景公一边，支持齐景公杀死烛邹。

实际上恰好相反，他以谴责烛邹的姿态出现，一声声批在烛邹身上，但其逆辩的话语锋芒却一声声刺在齐景公的心头。在“重鹰轻人”与“重人轻鹰”这一关系到国君声誉的大是大非问题上，被逼入死角的齐景公当然不肯让自己声名狼藉。同时又由于晏子的这个批评委婉而含蓄，齐景公也自然乐得借坡下驴。

又如，《孟子·告子下》载：

有一位任国人问孟子的弟子屋庐子：“礼和食哪个重要？”屋庐子说：“礼重要。”任国人又问道：“娶妻和礼哪个重要？”屋庐子说：“礼重要。”于是任国人揶揄道：“如果按照礼节去找吃的，便会饿死。不按照礼节去找吃的，便会得到吃的。那也一定要按照礼节去行事吗？如果按照亲迎礼，便得不到妻子。如果不按照亲迎礼，便会得到妻子，那也一定要行亲迎礼吗？”屋庐子不能回答。第二天去请教孟子。孟子说：

“于答是也，何有？不揣其本，而齐其末。方寸之木可使高于岑楼。金重于羽者，岂谓一钩（三钱多重）金与一舆（车）羽之谓哉？取食之重者与礼之轻者而比之，奚翅（岂止）食重？取色之重者与礼之轻者而比之，奚翅色重？往应之曰：‘紾（扭转）兄之臂而夺之食，则得食；不紾，则不得食，则将紾之乎？逾（翻过）东家墙而搂其处子（女儿），则得妻；不搂，则不得妻，则将搂之乎？’”

孟子在这里先按照任国人的观点，类推出不顾礼节去“得食”“得妻”的荒谬结果；并将礼节的轻重与饮食、要妻的轻重做比较，认为在“得食不得食”“得妻不得妻”的问题上，必须要始终以“礼”的同一标准论辩是非，这样才能保证论辩思维过程的一贯性。“不揣其本，而齐其末”，是以“礼”的标准拦头“喝断”对方的“利益”的标准。

又有则笑话：一对夫妻吵架后，丈夫气愤地说：“你该记住，无论什么时候，男人的思考总是对的，判断准确无误，而女人却是恰恰相反。”妻子听后马上回答：“是呀，你选我做妻子是绝对正确的，而我选你做丈夫则大错特错了。”这也是采取了顺势逆驳的方法，貌似顺着来，实质是要破斥对方的诡辩。

以迂为直
——避角法

避角法是用在破斥二难诡辩时的顺驳方法，即避开对方二难推理顶来的两个犄角，重新构造一个与对方结构相同的二难推理，却推出与对方相反的结论，从而把对方顶过来的犄角再顶回去。

例如，我们在第一部分中所讲到的“半费之讼”就是典型的避角法。不过那是以诡辩对诡辩。

又如，《郁冈斋笔尘》中有一则故事：

甲问乙：“吾予子千金，子敬事我乎？”乙答曰：“吾有千金矣，何为敬事乎？”甲又问：“吾不予子千金，子敬事我乎？”乙答曰：“子不予我金，我为何敬事乎？”甲又问：“吾与子中分千金，子敬事我乎？”乙答曰：“中分之，则我与子等耳，何为敬事乎？”

这个故事实际上包含着三难推理。

我有千金，我用不着敬事你；$p \to s$；

不给我千金，我为什么敬事你；$q \to s$；

咱俩各有五百金，我也不应当敬事你；$r \to s$

或者我有千金，或者你不给我千金，或者平分千金；pvqvr

反正，我总是用不着敬事你。

尊敬不尊敬，除了金钱的标准外，还有其他的标准。但在这则故事中，甲的“敬事”与否却是纯粹以金钱利益为标准，于是乙就按此归谬，重新构造一个以金钱利益为标准的反二难，将对方顶过来的犄角又顶了回去。

又据《前汉演义》记载，当项羽击败汉兵，进逼广武，与刘邦夹涧而屯兵之后，为了逼迫刘邦与他决战，便采用了一个激将的办法：他将刘邦的父亲太公置于俎上，推至涧旁，厉声大呼：“汝若不肯出降，我便烹食汝父。”面对此景，刘邦陷于“二难”：

如果出战，则会全军覆没；

如果不出战，则父亲就要丧命；

或者出战，或者不出战；

总之，或者全军覆没，或者父亲丧命。

这时，张良献了一个计策，叫刘邦也对项羽喊话说：“我与汝同事义帝，约为兄弟，我翁就是汝翁。必欲烹汝翁，请分我一杯羹。”项羽听了此言，怒不可遏，但因叔父项伯有言，激将之计终于未能得逞。

在这里，刘邦就是运用了避角法，与自己的“二难”相联系，找出对方的“二难”所在（杀：不义；不杀：对方不肯投降），重新构成某种关系，把自己从“二难”中解脱出来，逼对方无法施展其计策。

又如，辩多而情激的庄子有个著名的理论——“辩无胜”：

即使我与若（你）辩矣，若胜我（你辩胜了我），我不若胜，若果是也，我果非也邪？我胜若，若不吾胜，我果是也，而（尔）果非也邪？其或是也，其或非也邪？其俱是也，其俱非也邪？我与若不能相知也。则人固受其黮暗（昏暗不明），吾谁使正之？使同乎若者正之，既与若同矣，恶（怎么）能正之？使同乎我者正之，既同乎我矣，恶能正之？使异乎我与若者正之，既异乎我与若矣，恶能正之？使同乎我与若者正之，既同乎我与若矣，恶能正之？然则我与若与人俱不能相知也，而待彼也邪？……是若果是也，则是之异乎不是也，亦无辩；然若果然也，则然之异乎不然也，亦无辩。（《庄子·齐物论》）

在这段论述中，庄子采用了完全归纳推理的方法，从“用你的标准”“用我的标准”“用第三者的标准”“用你我共同的标准”来分析评价，认为这四个标准都不能评判“你我之间的是非”。而这四个不同的标准在庄子看来是评价“你我之间是非”的所有标准，所以可以得出一个取消“辩”的一般性的结论：没有任何一个标准可以评价你我之间的是非。所以，“辩无胜”。

“辩无胜”是庄子“齐物”“齐是非”的相对主义的必然产物。“辩无胜”所提出的问题，首先是关于“是非”及“是非”的标准问题；其次是由“是、非”所引申出来的关于如何认识矛盾、解决矛盾以及对于是非的判断有无一个规范认识的思维规律的问题。所要解决的问题是是非“樊然殽乱”的现实情况，是在“剽剥儒墨”的过程中“逼迫”出来的。[1]但是，庄子所说的“是非标准”仍然都具有主观性。因此，在“辩无胜”所构成的“四难”面前，我们只要指出：判断是非的最终标准是客观事实，就避开这“四个犄角”了。

不过，说句题外话，庄子的“辩无胜”是对当时名辩思潮中取法标准上主观性的批判的结果，是庄子痛感其时人的存在危机而造成的人性迷失的悲

[1] 参见张晓芒：《中国古代论辩艺术》，山西人民出版社 2001 年版，第 182 ~ 195 页。

叹，希望以此进行人的自我拯救、重塑人格的迷津指点。它在追求“无是非”的心境恬淡方面无疑有着非常消极的影响，但在认识论上，它却从反面提醒了人们，在认识事物时，要从两个方面入手，才能认识到事物矛盾的相对性，才不会做出绝对的判断；在古代逻辑思想的发展上，它从反面刺激了人们，在言说论辩中，必须要确定一个统一的判断标准，以反对所谓的“独视者谓明，独听者谓聪，能独断者，故可以为天下主”（《韩非子·外储说上》）的“独断论”，从反面推动了中国古代逻辑思想的发展。[1]

再绕回题内。当今社会，有着许多“公说公有理，婆说婆有理”的现代“辩无胜”，因此，庄子的“辩无胜”在当今社会主义市场经济下，仍然有它的现代启示，亦即，我们应该以代表公意的“法”的精神和普遍的社会道德原则，来破除影响社会主义市场经济正常发展的现代“辩无胜”。[2]

[1] 参见张晓芒：《先秦辩学法则史论》，中国人民大学出版社1996年版，第196～200页。

[2] 参见张晓芒、黄起：《从传统走向现代》，山西人民出版社2001年版，第197～199页。

壁上反观
——辩证驳

如前所述，真理是具体的，辩证的认识是要求发现“真理只有在同一和差异的统一中，才是完全的”。此即为《墨经·大取》所说的：“断指存腕，利之中取大，害之中取小也。害之中取小也，非取害也，取利也。其所取者，人之所执也。遇盗人，而断指以免身，利也；其遇盗人，害也。”如果过分强调了事物的同一或差异，对活生生的矛盾现象采取一种绝对的态度，都可能使辩证的认识超越了一定时“度”，从而使现实的矛盾现象归于沉寂，窒息为僵死的东西。因此，当我们面对绝对地肯定或否定客观事物的矛盾现象时，我们不妨“从反面看”，以辩证的思维方法破斥绝对相对主义或绝对绝对主义的认识谬误或诡辩。

一段时间来，人们对网吧的看法非议颇多。当有学生猝死网吧，当某网吧发生火灾，对于网吧的谴责铺天盖地，各地关闭网吧、停业整顿的消息也日见报端。更有个别人士还要求在全国范围内取缔网吧。一时间，网吧成了“潘多拉的盒子”[1]，其前途命运岌岌可危。

诚然，现今网吧所存在的问题很多，如容易让青少年沉湎于网上游戏，

[1] 潘多拉，希腊神话中用粘土做成的第一个女人。貌美性诈，曾私自打开主神宙斯让她带给埃庇米修斯的一只盒子。结果盒子里的疾病、疯狂、罪恶、嫉妒等祸患一齐飞出，只有希望留在盒子里。人间从此充满各种灾祸。“潘多拉的盒子”常用来比喻灾祸的来源。

浏览黄色、反动内容，无休止的聊天，等等。主张取缔论者大概认为这些负面效应是网吧本身固有的东西，且不会消除。如果真是这样，那么取缔网吧还不算彻底，还应该进一步取缔互联网，进而取缔电脑，取缔现代科技……干脆“鸡犬之声相闻，民至老死不相往来”算了。这实在是一种“因噎废食”的绝对相对主义否定论。

对于这种论点，我们可以辩证地反驳。

网吧不可否认地存在着负面效应，但这些负面效应不是网吧本身固有的东西，而是管理不到位所产生的问题。并且网吧也的确给现代社会带来许多正面效应，如学习网络技术，了解各种知识，交换信息情报，促进人际沟通等。因此，从利弊对比上看，网吧的存在也是合理的。问题在于，我们如何消除其“弊”并张扬其“利”。

网络技术是现代科技的产物，网吧是市场经济的产物。现代科技所附带的问题由现代科技解决，市场经济所产生的问题由市场规则解决。因此，面对“死”的网吧，真正完善、规范对网吧的有效“活”管理，才是理智决策的题中之意。

在这些方面，某网吧纵火事件发生整整一个月后，就与首批30家网吧在签署了“禁止未成年人入内，禁止吸烟，营业时间不早于8时晚于24时”等条款的承诺书后，获准它们恢复营业。在网吧业出规最早的上海，不久也出现了“有效控制，连锁经营”的行业形态，开始走规模化、连锁化、特色化的发展道路。其最大的连锁经营网吧投资千万元开发的“中央管理平台”，平时就像一个聪明的“公仆”，为每一个接人平台的终端提供强大的技术支持和资源配置，而在必要时刻，它又能成为一种控制手段，俨然一个“严厉的管家”。天津则出台了“青少年安全放心网吧”标准，管理部门将同网吧业主签订“青少年安全放心网吧”承诺书；建立网吧举报热线；建立青少年上网巡视和提醒制度等。

这些事实也说明，正确对待网吧的态度不应是将其一棍子打死，而应是通过制定合情合理的规章制度，以真正严格有效的科学管理，从严审批，加强管理，严格执法，因势利导，坚决封杀黑网吧，从严查处违法网吧，让市场规则来选择那些合法经营的网吧，才是对待一个新生事物的辩证的态度。

又觅一篇文章，笔者认为也能够说明"辩证驳"的如何运用。不过这里需要说明的是，以上所反驳的取缔网吧和下文所反驳的只是认识中的一个误区，未必是诡辩。笔者只是想说明"辩证驳"在修正形而上学思维方法时的作用。

要不要放弃记者的职责

几年前，中央电视台《焦点访谈》节目曝光了高考期间，山东寿光一考生利用手机作弊事件。没想到此事引起了另外一种议论。在接受《北京青年报》记者采访时，当地中学一位老师认为，记者"眼睁睁"地看着学生"自毁前程"而不去阻拦，是不负责的行为。言下之意，如果央视记者及时制止作弊行为，把事态控制在萌芽状态，这起作弊事件就不可能发生了。

这种论调颇有市场，显然，事件的重心已经转移了。

公众批评记者"见死不救"或者"遇事不管"，源自人的基本的道义和良知，也就是对社会、他人的起码责任意识。记者虽然是职业所属，但记者首先是人，其次才是记者，因此应该首先履行人的道义和责任。最典型的是国际红十字会的行动……

但记者作为职业的特殊之处在于，他不是为某个人、某个组织、某个机构服务，他是全体公众的代言人，是我们这个社会前进中的引航员，是信息的传播者、时代的瞭望人。他受全体公众的委托，通过传达信息来服务于委托人。他的任务是传达信息，保持信息的原生状态，不管信息是令人振奋的，还是令人忧伤的，他无权在传达信息之前改变信息的性质和含量。也就是说，不能把坏信息当作好信息传达，也不能把信息进行增删。记者的这种职业操守，或者说公众对记者的这种要求，就是为了避免信息在传达过程中遭到改变和扭曲，从而使公众无法了解事件的本来面目。因为，公众如果把错误的信息当作真实的，那整个社会将陷于混乱和失控状态。这种例证在古今中外都不难找到。

或许有人会说，记者遇到那些本不该发生，能够以自身的力量阻止其发展的事情毕竟是个别情况，比如刚好看到有人想跳楼自杀等，干预一下对其职业无关大碍。

这得从几方面说，一是我们无法确定此类事情在一个记者的全部经历中到底能占多大比例，但可以肯定的是，他比任何人都要多得多，如果他全部出于道义进行干预的话，也许他会离记者这个职业越来越远。第二，干预这样的事情有可能使其形成干预任何事情的坏习惯，这样我们从记者那里得到的信息就是他干预之后的信息，而这种结果是最可怕。第三，在对事件的性质、结果无从判断的情况下进行干预，极可能好心办错事，制造新的麻烦。

因此，回到本文的开头，一些人对记者的“不负责任”的指责是草率的，也是不负责任的，是忽视了记者的社会大责任的一叶障目的功利性想法。

当然，没有任何条文和法规明确禁止记者不得干预某些事情，也没有明确规定记者必须干预某些事情。因此，我能够理解个别记者们面对某些事情时暂时忘记了自己的本来职责，但我反对这种做法。因为这意味着记者在那一刻放弃了作为公众代言人职责，这是对他的委托人的背叛。[1]

---

[1] 《检察日报》2002年7月17日“法治评论”版，刘继纯文。

读了这篇文章，再联系近年来各种辩论赛中所辩论的诸多社会问题，我们似应体会到，对于现实存在的诸多矛盾现象，只单纯在辩论中“事胜”是简单的；但从认识真理的“求真”来看，其认识过程与思维方法却是复杂的。因此，当我们面对活生生的现实存在的各种矛盾现象时，下结论要十分慎重。此时，辩证地认识问题应是辩证地解决问题的前导，因为，它不是对事物外部现象的描述，不是解决事物外部“是什么”的问题，而是对事物内部的本质和规律的把握，解决的是“为什么”的问题。一句话，我们只有认识了必然，我们才能获得解决问题的自由。

梦笔生花
——斗妙

俗话说，嬉笑怒骂皆文章。破斥诡辩或谬误，未必都是疾言厉色，有时还可以诙谐幽默。因此，从另一个角度讲，掌握正确的思维科学，尤其是逻辑学知识，不但有利于我们破斥诡辩，而且还有助于我们进行机智的斗争，而智斗实际上谁是面对谬误或诡辩时的一种逻辑思维的较量。这也就是为什么“将错就错”节中，庄子以一则“涸辙之鲋”的同类归谬，揭穿了监河侯的伪君子嘴脸。

有的是妙用逻辑语用。

例如，20世纪的美国作家马克·吐温曾经说过一句“国会议员中有些人是婊子养的”，遭到许多国会议员的反对，要求他收回这句话并道歉。马克·吐温也认为这句话不妥，于是改口称：“国会议员中有些人不是婊子养的。”

应该说，自然语言在说“有些是什么”的时候，意味着“有些不是什么”。反之亦然。这是自然语言的语法性质。而逻辑的特称判断在断定“有S是（或不是）P”的时候，只是断定“存在着”至少一个S是（或不是）P,

也许是全部。至于与此相反的事物是否存在情况，则是另一个特称判断的任务了。这是特称性质判断的逻辑性质。因此，当国会议员认为马克·吐温的“国会议员中有些人是婊子养的”（特称肯定判断 SIP) 错了的时候，按性质判断逻辑方阵图中下反对关系的逻辑性质（可同真，不可同假），“国会议员中有些人不是婊子养的”（特称否定 SOP）一定真。马克·吐温的新判断就是在正确的逻辑语言的逻辑性质中隐藏了自然语言的语法性质。

有的是妙用颠倒。

乾隆时期，有一个翰林在奉敕（诏令）撰写墓志铭时，误将“翁仲”（原指铜铸或石雕的偶像，后来专指陵墓前的石人）倒置为“仲翁”（可指伯仲叔季中排行第二的老翁，即：二大爷），被乾隆皇帝贬降为通判（官名）。但这个翰林冤称是“误倒”。于是在这个翰林临行时，乾隆写了一首诗赠送给他：

翁仲如何作仲翁，十年窗下欠夫工；
从今不许为林翰，贬尔江南作判通。

这首诗诙谐绝妙，包含着一个批评、警示的归谬反驳：你误倒，我也误倒。

有的是妙用隐含。

俄罗斯著名学者罗蒙诺索夫出身贫穷，当他成名后依然很简朴。一次，有个衣着华丽但不学无术的人指着这位大学者衣袖上的一个破洞嘲笑说：“从这里可以看到您的博学吗？”罗蒙诺索夫不动声色地说：“不，先生，从这里只能看到愚蠢和浅薄。”这家伙真是自讨没趣。

德国著名诗人歌德在一次散步时，遇到一位对他颇有敌意的批评家。这位批评家怒气冲冲地说：“我从不给傻瓜让路。”而歌德却很爽快地站到一旁说：“我恰恰相反。”

同我们在“引君入彀”一节中所举的“夫妻吵架”之例一样，在这种斗巧中，都是在承接对方的话题时抓住关节点，恰当适度地将态势扭向不利于对方的方向。只不过“夫妻吵架”的顺势逆驳是明显地改变原意，而此处的顺势逆驳是妙用隐含。

黑格尔曾经说过：“理性在他物中认识到此物，认识到此物中包含着此物的对方。”[1]古代贤哲老子式的“正言若反”，就是一种充满辩证思维的语言表达技巧。如果我们不能从又一个角度认识逻辑思维的灵活应用，我们就有可能在破斥诡辩的过程中，如下述父子俩，以不知变通的僵化思维方法，准备打架吧。

有父子俩，脾气都很倔。一次，父亲打发儿子去买肉、打酒，准备招待客人。儿子买了酒肉后便往回走，不料，迎面碰到一个人，也是个倔脾气，谁也不肯给谁让路。于是便面对面地就这么硬顶着。父亲等急了，便出来寻找，一见这情景，就对儿子说：“你先回家陪客人吃饭去，我替你在这里和他顶着，你吃完饭再回来替我。”

[1] 黑格尔：《哲学史讲演录》第1卷，第300页。

《孙子兵法·谋攻》有言："将（将领）不胜其忿而蚁附之，杀士三分之一，而城不拔者，此攻之灾也。"梦笔生花的斗妙有时可以帮助我们解脱这个困境。

三十六计走为上
——不驳

三十六计最后一计为“走为上”。解语为：“全师避敌，左次无咎，未失常也。”意谓军队扎营或左边或右边，要根据情况而定，并没有违背行军的常道。

论辩也是如此。论辩本是论证是非的，但有些诡辩，或是无理取闹，或是负气而辩。此时，避开胡搅，不跟着蹚浑水的“走为上”也不失为一种策略。因此，有时面对负气者，不要舍不得终止辩论，此时，“不驳”也是一种正确的方法策略。

如有一则古代笑话：

有个人说“不管三七二十八”。旁边一人赶忙加以纠正：“不对，应是‘不管三七二十一’。”这一位死犟，一口咬定“三七二十八就是三七二十八”。那一位也当仁不让，“‘三七二十一’是万世不变的铁定道理”。两人为此争而吵，吵而打，一直打到县衙门。县太爷听了这番争吵的来龙去脉，便喝令打“三七二十一”二十大板。“三七二十一”直喊冤枉，说是“打错了”。县太爷说：“没有打错。他都‘三七二十八’了，你还和他争什么？”

人际沟通的谈说论辩，不仅仅涉及思维科学的问题，还涉及谈说论辩的态度或伦理原则的规定。因此，它不是“彼争者，均者之气也”（《荀子·尧问》），不是那种“不恤是非，不论曲直，以期胜人为意”的“役夫之知”（《荀子·性恶》）。所以，在“君子必辩”，中古代圣，贤荀子要求要以一种“仁心”“学心”“公心”的恢宏大度，坚持以理服人，虚心听讲学习，坚持真理、主持公道，采取“辩而不争”（《不苟》）的态度。其正确的要求就是以“告之示之”的方式（《荣辱》）；要有“言必当理”的内容（《儒效》）；而且还应当符合客观实际，“凡论者，贵其有辩合，有符验”（《性恶》）。

因此，在与诡辩者论辩的过程中，不能先自己情绪化起来。故而所谓的“不争”，也就是“不斗气”，要心平气和地以理服人。如果一味争强好胜，不“辩”出个好歹高低来不算好汉，则往往会失去破斥诡辩本身的晓谕是非的目的，或者是离开原来的是非十万八千里。因此，在破斥诡辩的过程中也应是：第一，方式正确；第二，内容当理；第三，不能情绪化。

因此，上述这个笑话给我们的启示是，在破斥诡辩的过程中也有一个适时适地的伦理态度问题，即：“原则问题不让步，枝节问题不纠缠。”所谓“原则问题不让步”，是为了辩明是非道理；所谓“枝节问题不纠缠”，是指在破斥诡辩的过程中，对无碍于论证是非道理的旁枝末节，大可不必死纠硬缠，此时不妨一笑置之，采取一种“沉默是金”的态度。这是因为，论辩一旦情绪化，往往会纠缠于所论辩问题的旁枝末节，“辞辩而无统”（《荀子·非相》），不但忘掉了论辩的真正目的是什么，而且还常常在情绪化中，使论辩的问题水流山转，失去定向。所以，“斗气”式的“论争”是情绪化的表现，不但于辩明是非无益，而且只会表明气度狭小。因此，荀子告诫我们："有争气者，勿与辩"（《荀子·劝学》）。

基于此，当我们面对"三七二十八"式的诡辩者时，"不驳"反而是上策了。这也可以体现出破斥诡辩中的辩证态度。

结语

认识谬误或诡辩、纠正谬误或破斥诡辩是一个长期学习科学知识、学习思维知识、掌握思维技巧并灵活应用的过程。本书所列，只是为读者如何认识谬误或诡辩，如何纠正谬误或破斥诡辩，提供一个线索，希望能由此启发寻找、发现现实生活中更多的谬误现象或诡辩手法。因此，本书所列并非是谬误现象或诡辩手法的全部，纠正谬误、破斥诡辩的策略也是概而括之。其中定有不尽不足之处，敬请读者批评指正。